彩图 1　集成电路晶圆尺寸的变化

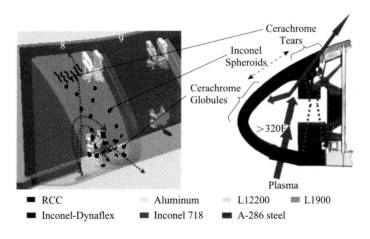

彩图 2　哥伦比亚号航天飞机左机翼 RCC 面板的 8 号和 9 号面板上部沉积物分析

⬆ 彩图 3　三峡发电机转子吊装实况

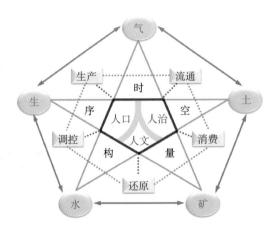

⬆ 彩图 4　社会-经济-自然复合生态系统

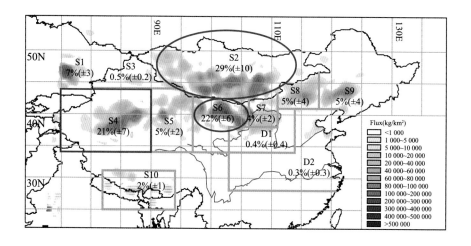

🔺 彩图 5　亚洲粉尘的源区（S1～S10）分布图

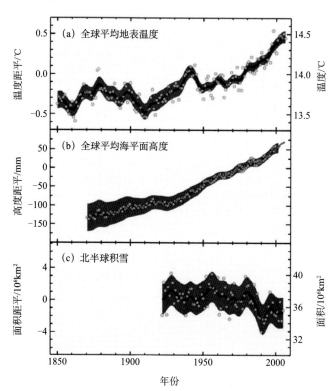

🔺 彩图 6　全球平均地表温度（a），由验潮站（蓝色）和
卫星（红色）资料得到的全球平均海平面上升（b）以及
3～4 月北半球积雪（c）变化的观测结果

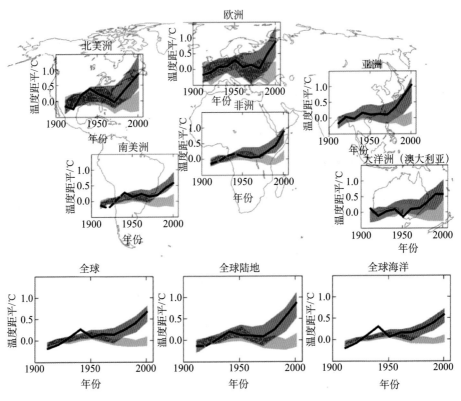

彩图 7　观测到的大陆与全球尺度地表温度距平
与使用自然和人为强迫的气候模拟结果对比

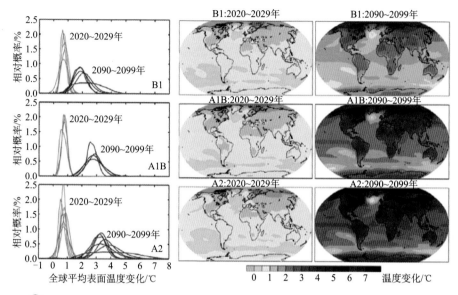

彩图 8　21世纪初期和末期全球平均温度变化（相对于 1980~1999 年平均）的海气耦合模式预估结果

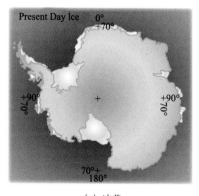

（a）冰盖

（b）冰山

彩图 9　南极的冰盖与冰川

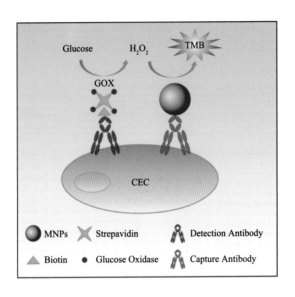

彩图 10　基于纳米酶检测血液循环中的靶细胞

彩图 11　自主研发的重离子治癌装置模型

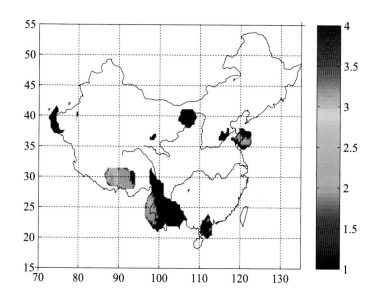

彩图 12　2002 年 10 月 1 日～2003 年 9 月 30 日 LURR 异常区分布图

科学在这里

『科普论坛』报告选集（第二辑）

中国科学院科学传播局
中国科学院离退休干部工作局
北京老科学技术工作者总会
中国科学院老科学技术工作者协会 编

科学出版社

北京

图书在版编目（CIP）数据

科学在这里："科普论坛"报告选集. 第 2 辑/中国科学院科学传播局等编 . —北京：科学出版社，2015.6
ISBN 978-7-03-044971-9

Ⅰ. ①科… Ⅱ. ①中… Ⅲ. ①科学普及-研究报告-中国 Ⅳ. ①N4

中国版本图书馆 CIP 数据核字（2015）第 129275 号

责任编辑：石 卉 杨婵娟 /责任校对：李 影
责任印制：张 倩 /封面设计：无极书装
编辑部电话：010-64035853
E-mail：houjunlin@mail.sciencep.com

科 学 出 版 社 出版
北京东黄城根北街 16 号
邮政编码：100717
http://www.sciencep.com
北京市安泰印刷厂 印刷
科学出版社发行 各地新华书店经销
*
2015 年 7 月第 一 版 开本：720×1000 1/16
2015 年 7 月第一次印刷 印张：14 1/4 插页：4
字数：288 000
定价：45.00 元
（如有印装质量问题，我社负责调换）

编 委 会

前　言

　　《科学在这里——"科普论坛"报告选集》第一辑于 2011 年 10 月出版，受到高度赞誉。未逾八月，旋即重印。听众聆听"科普论坛"报告后深化记忆，保存、珍藏的渴求得到满足；更多的读者也深受裨益。现在，《科学在这里——"科普论坛"报告选集（第二辑）》又面世了。

　　本书的出版适逢世界正处于第六次科技革命的前夜。习近平主席在 2014 年"两院"院士大会上指出："进入 21 世纪以来，新一轮科技革命和产业变革正在孕育兴起，全球科技创新呈现出新的发展态势和特征。……从某种意义上说，科技实力决定着世界政治经济力量对比的变化，也决定着各国各民族的前途命运。"面对新一轮世界科技革命的战略大势，着眼于我国建设世界科技强国，实现中华民族伟大复兴的中国梦的宏伟目标，需要依靠 13 亿人民的创新潜力和无穷智慧，把命运牢牢地掌握在自己的手中。科学素养是综合能力，是 13 亿人民实施创新的基石。"一个具有科学精神的民族，才是真正有生机、有希望的民族，要努力提高全民族科学素质"。本书为提高全民科学素质、全面建成小康社会、实现中国梦再做奉献。

　　中国科学院"科普论坛"是高端、高水平的科普园地，"科普论坛"与祖国同行，与时代同步，服务高层，贴近群众，一路华章不断。本书限于篇幅，只选择了 2011～2014 年的一小部分报告。本书贴合适应读者对科学、精神、文化多元化的需求，内容丰富，涵盖广博：紧紧围绕大局，服务中心，诠释新一轮科技革命的美妙前景，孕育着重大机遇与挑战；解读自主创新、建设创新型国家大政方针的深刻内涵;剖析调整结构、转型升级、科学发展的路径。本书展示了科学大师钱学森为国为民的卓越贡献、重要思想和治学精神;展现了以身许国铸就核盾的元勋们震撼世界的光辉业迹。本书介绍了科学家为改善生态环境,使碧水蓝天长驻,献计谋策;全面阐述了对生态理论和生态修养的思考;为低碳转型开启新篇;细数水资源家底,问诊护水、节水方略,认识水是"生命之源"、"生态之基";释析沙尘暴肆虐原委,推出预防、治理途径;笃志文物保护,求索奉献。本书还介绍了国际科学界对气候变化问题最权威、最全面的认识。服务国家需求,诠释突发灾害中力学的贡献;再现攀登极地科学高峰,揭示极地充满神奇与奥秘的成就。讴歌了材料、纳米、高新科技等领域,脚踏实地,自主创新,为经济腾飞插上科技翅膀的成果:具有奇特催化性能的纳米酶的发现和广泛应用;重离子治癌指南聚焦;蒸发冷却技术成就具有自主知识产权的我国首台、世界单机容量最大的巨型蒸发冷却机组在三峡电站投入使用……多领域的累累硕果从多个侧面展示了祖国科技领域"百花齐放春满园"的斑斓美景。

本书展示的硕果,是多领域蜚声五洲的老一辈科学家和在科技界担纲中流砥柱的科技精英们,响应中央"全民科普"的号召,从实现中华民族伟大复兴的高度,把科普工作视为社会责任,共同服务于全民科学素质的提升;共同传递着一个声音:科技的力量可以改变我们的社会、生活和思维,科技是左右大国兴衰和国际竞争格局的重要力量;共同彰显着开拓进取,勇攀高峰,永远向前的气概,播撒了爱国报国的赤子情怀,弘扬了不懈追求的创新精神,传播了科学的思维方法。国之崛起,召唤民之素质提升!

本书是适应时代发展的新要求,贴合多方读者需要的好书。它为各级领导干部、公务员了解党和国家的大政方针,提高知识、政策水平提供资源;为年轻一代励志报国提供路径和精神支撑;还为加深青少年对科学的了解与认知,进而吸引他们学科学、爱科学、用科学献力。本书得到了曾在"科普论坛"上作报告的各界著名科学家的关怀和大力支持,由科学出版社精心设计,还融入了中国科学院老科学技术工作者协会的心血和奉献,浸透着中国科学院科学传播工作局、中国科学院离退休干部工作局、中国科学院老科学技术工作者协会、北京老科学技术工作者总会的领导、关怀,得到了海淀区科协等有关部门及社会各界的关爱与鼎力相助。在此,谨向他们表示诚挚的感谢,并致以崇高的敬意!

今天，我们在经历着国家崛起、民族复兴、科技引领的历史关键时期。民族复兴的"中国梦"，创新驱动发展的国家战略，无不强烈呼唤全民族科学素质的提升。本书的出版，就是为科普在心灵上播种，书写浓墨重彩的一笔。

编委会

2015 年 1 月

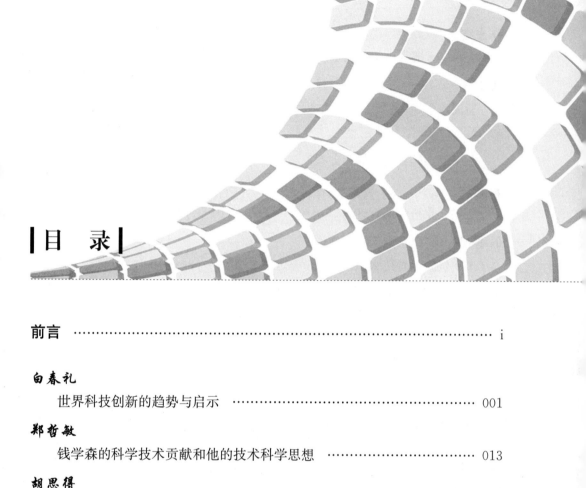

目 录

世界科技创新的趋势与启示 *

白春礼

男，满族，1953 年 9 月生，辽宁人。博士，化学家和纳米科技专家，研究领域包括有机分子晶体结构、EXFAS、分子纳米结构、扫描隧道显微镜。

现任中国科学院院长，党组书记，学部主席团执行主席，发展中国家科学院院长。1996 年任副院长、党组成员；2004 年任常务副院长、党组副书记（正部长级）。中共十五届、十六届、十七届中央委员会候补委员，十八届中央委员会委员。中国科学院、发展中国家科学院、美国国家科学院、英国皇家学会、俄罗斯科学院等 10 余个国家科学院或工程院院士。兼任中国微米纳米技术学会名誉理事长、国家纳米科技指导协调委员会首席科学家等。中央人才工作协调小组、国家教育体制改革领导小组、我国国民经济和社会发展"十二五"规划专家组成员，国家科技奖励委员会副主任委员等。他还是若干化学和纳米科技领域重要国际学术刊物的共同主编或国际顾问编委。

＊ 本文根据 2013 年 9 月 12 日中国科学院院长白春礼院士在中国科学院院士上海浦东活动中心第 85 期"中浦讲坛"上作的"当前世界科技创新趋势与启示"报告整理而成。

现阶段"现代化进程的强大客观需求"和"知识技术体系的内在矛盾"正孕育着新的一轮科技革命,世界正处在第六次科技革命的前夜。200多年的工业化进程催生出一系列的新问题。经济发展的客观需求迫切需要开发新的资源、能源,创新发展模式和发展途径,创建新的生产方式和生活方式。"基础科学问题""能源和资源领域""信息网络领域""先进材料和制造领域""农业领域"和"人口健康领域",这六个方面孕育着重大的创新突破。科学问题的重大突破和技术的变革将深刻影响人类的生产和生活方式,影响社会发展的进程,影响国家的国际竞争地位。把握新一轮科技革命的战略机遇,将大幅度提升我国自主创新与规模产业化的能力。

一、世界科技发展处在第六次科技革命的前夜

目前,全球经济正进入深度调整期。一方面,经济整体复苏艰难曲折,国际金融领域仍然存在较多风险,各种形式的保护主义上升,各国调整经济结构面临不少困难;另一方面,世界各国相互联系日益紧密,互相依存日益加深,发展中国家几十亿人口正在努力走向现代化,和平、发展、合作、共赢的时代潮流更加强劲。

美国国家情报委员会撰写的《全球趋势2030》认为:现阶段人类面临的复杂而严峻的问题,既是对经济社会的挑战,更是对科技的挑战,需要综合运用自然科学、人文社会科学和各种技术手段去研究、去创新、去解决。

1. 前五次科技革命及其影响

科技革命包括科学革命和技术革命。"科学"源于拉丁文scientia,本义是知识和学问的意思。通常认为,科学以探索发现为核心,主要是发现、探索研究事物运动的客观规律。科学发现,特别是纯科学的原始性创新突破,也就是纯基础研究,在于人们对科学真理的自由思考和不懈探索,往往不是通过人为地计划和组织来实现的。"技术"由希腊文techne(工艺、技能)和logos(词,讲话)构成,意为工艺、技能。一般认为,技术以发明革新为核心,着重解决"做什么、怎么做"的问题。

人类文明发展到现在,共发生了五次科技革命,其中两次属于科学革命,三次属于技术革命。这几次科技革命直接推动了人类历史上的两次工业革命,从根本上改变了全球的经济与政治格局。

第一次科技革命发生在16世纪和17世纪,这次科技革命表现为哥白尼、伽

利略、牛顿等人学说的建立，其标志着近代科学由此诞生，这也是人类历史上第一次科学革命；第二次科技革命是在18世纪中后期，其标志是蒸汽机与机械革命，表现为蒸汽机、纺织机、工作母机的发明，这是第一次技术革命，它带动了第一次产业革命；第三次科技革命是在19世纪中后期，其标志是内燃机与电力革命，表现为内燃机、电机、电讯技术的产生，这是第二次技术革命，它催生了第二次工业革命；第四次科技革命是在19世纪中后期至20世纪中叶，其标志是进化论、相对论、量子论、DNA双螺旋结构等理论的诞生，这是第二次科学革命；第五次科技革命是在20世纪中后期，其以电子计算机的发明、信息网络的诞生为标志，表现为电子技术、计算机、半导体、自动化乃至信息网络的产生，其属于第三次技术革命的范畴。

历史上抓住科技革命，特别是技术革命的国家都会发生翻天覆地的变化。在第一次技术革命中，英国崛起成为世界头等强国，其工业生产能力相当于全球的40%～50%，欧洲大陆和美国先后进入工业化进程。在第二次技术革命中，德国迅速跃升为世界工业强国，美国在世界工业生产中的份额上升到第一位，日本建立了工业化基础。在第三次技术革命中，美国、德国、法国、英国等国进入工业化成熟期；日本实现了经济的腾飞，1950～1985年，其经济增长高达120倍。

但200多年的工业化进程也催生出一系列新的问题：全球仅有不到10亿人口实现了现代化，自然资源和化石资源面临枯竭的威胁，自然环境遭受巨大的破坏等。如果继续按照传统的发展模式，将给自然资源的供给能力和生态环境的承载能力带来更大的挑战。因此，经济发展的客观需求迫切需要开发新的资源、能源，创新发展模式和发展途径，创建新的生产方式和生活方式。

同时，科学技术知识体系的内在矛盾正在凸显。比如，宏观领域里占宇宙总体质量96%的暗物质、暗能量，现有物理理论框架对此无法解释。再比如，微观领域里"量子系统的相关控制"（量子规律的被动观测及其宏观体现的应用、对单个量子的形态进行人工制备、对多个量子的互相作用进行主动调控），将突破信息和物质科学的经典极限。内外因的共同作用正在催生第六次科技革命的诞生。

2. 新一轮科技革命将引发的深刻变革

新一轮科技革命以及由此引发的产业革命将涉及科学与技术的深刻变革，其中对未来影响较大的技术是能源技术、信息技术和生命科学技术，这些新兴技术将提供强大的支撑，引领产业的全新发展。在能源技术方面，能源的生产和消费方式将实现重大变革:一方面,清洁能源(风能、太阳能、核能等)将逐步取代化石能源,在全球能源供给上发挥越来越重要的作用;另一方面,能源生产者和消费者的界限将变得模糊,每个家庭、每个建筑不再是单纯的能源消费单位,而是能够参与能源生产,甚至能够输出能源的生产者。能源形式的改变将深刻改变现有众多产业的格局,比如汽车产业,电动汽车将有可能彻底颠覆传统动力汽车。在信息技术方面,云计算、大数据、虚拟现实、移动互联网、物联网等技术将实现突破,将对信息技术应用模式带来一场深刻的变革,信息技术和信息产业将进入一个新的发展时期,信息技术将渗透人类生产、生活的方方面面,为我们提供一个更智慧的生活模式。以智慧城市为例,云计算技术将提供数据计算与处理综合平台,提升资源利用效率,降低智慧成本;大数据技术将"智慧"地处理城市积累及正在产生的海量数据,将其转化为有价值的信息;移动互联网技术、物联网技术将成为城市的神经,及时反馈各类信息。在生命科学技术方面,其将进一步揭示生命机理物构造和遗传的秘密,极大地促进人口与健康、农业高新技术、生态环境、食品和化学工业等领域的发展。同时,生命科学的研究,还将为电子计算机、人工智能、工程控制论等的研究,提供许多新的启示。例如,人类以后计算机的研制要借鉴生物自身具有的各种调控程序,而这方面的研究也已开始,如生物计算机及对人体大脑解密的智能计算机。

二、未来世界科技的战略性机遇

目前全球的科技创新(图1)呈现出以下特点:①领域的前沿不断拓展,学科间交叉、融合、汇聚,新兴学科及新的前沿领域不断涌现。②基础研究、应用研究、高技术研发的边界日益模糊,并相互促进、融合为前沿研究,从科学发现到技术应用的周期越来越短,如巨磁电阻效应(其发现者获2007年诺贝尔物理学奖),从发现到成功应用于硬盘读出磁头,间隔仅8年(1988~1996年),使硬盘容量发生了从MB到GB再到TB的巨变。③全球科技竞争日益剧烈,产学研合作也更加广泛,知识共享和知识产权保护同时发展。④目标导向的基础研究和应用研发结合的模式倍受重视,转移转化研究、工程示范、企业孵化、风险投资、高技术园区等兴起。⑤科技创新组织模式正在发生重大变化,网络和信息技术提供了强大的工具和平台,使创新无处不在、无时不在、无所不在,呈现出专业化、个性化、社会化、网络化、集群化、泛在化特征。

对于新科技革命的重大创新突破可能发生在哪些方面,科学预测也不会很

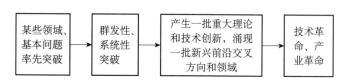

图 1 世界科学技术发展的路径

准，但是大的方向是可以预期的，具体有六个方面：一是重要的基础科学问题，二是能源与资源领域，三是信息网络领域，四是先进材料和制造领域，五是农业领域，六是人口健康领域。

1. 重要的基础科学问题

重要的基础科学问题具体指的是"一黑"（黑洞）、"两暗"（暗物质、暗能量）、"三起源"（宇宙起源、天体起源、生命起源）。

这些基础科学问题一旦能够实现突破，不论是在科学界还是产业界都将带来根本性变革。例如，在暗物质领域，暗物质的能量是目前已知世界物质能量的 3 倍多，揭开暗物质、暗能量之谜，将是继哥白尼的日心说、牛顿的万有引力定律、爱因斯坦的相对论和量子力学之后，人类认识宇宙的又一重大飞跃，将引发新的物理学革命。在生命的起源与进化领域，合成生物学已取得重要进展，可以从系统整体的角度和量子的微观层次来认识生命的活动规律，进而打开从非生命物质向生命物质转换的大门。2011 年，美国麻省理工学院的丹尼尔·诺切拉等成功地开发了"人造树叶"，其光合作用效率是天然树叶的 10 倍，合成生物学不但为探索生命起源和进化以及光合作用机理开辟了崭新途径，还将使人类从"临床医学时代"走向"健康医学时代"，同时也将推动生物制造产业的兴起与发展，成为新的经济增长点。在量子学领域，科学家已经能够对单粒子和量子态进行调控，对量子世界的探索从"观测时代"走向"调控时代"，未来将在量子计算、量子通信、量子网络、量子仿真等领域实现变革性突破，用于制备新型量子器件，如量子信号传感器、新一代低能耗晶体管和电子学器件、拓扑量子计算机等，成为解决人类对能源、环境、信息等需求的重要手段，其意义不亚于量子力学的建立导致的 20 世纪信息革命。在意识本质领域，科学家将探索智力的本质，了解人类大脑和认知功能，一旦突破将极大地深化人类对自身和自然的认识，引起信息与智能科学技术新的革命。2013 年 4 月 12 日，美国白宫公布了一项被认为可与人类基因组计划相媲美的脑科学研究计划，以探索人类大脑的工作机制、绘制脑活动全图等。

2. 能源与资源领域

人类必然从根本上转变无节制耗用化石能源和自然资源的发展方式,迎来后化石能源时代和资源高效、可循环利用时代(表1)。

表1　太阳能、生物能源现状及 2030 年预期

类别	现状	2030 年预期
太阳能	光伏太阳能具有明显的增长潜力,但也有其局限性	得益于光电、存储技术和智能电网解决方案等技术的进步,与化石资源相比更具竞争性
生物能源	将非食物生物转化为能源的技术是可行的,但并不具备竞争力	非食物生物质将会逐渐成为能源与化学原料的一种替代性资源

资料来源:《全球趋势 2030》

一方面,可再生能源和安全、可靠、清洁的核能将逐步取代化石能源,成为人类社会可持续发展的基石。人类在致力于节能和清洁、高效利用化石能源的同时,必须致力于调整能源结构,发展先进可再生能源,提高可再生能源的比重,发展先进、安全、可靠、清洁的核能及其他替代能源。另一方面,要不断提升传统资源开采技术,拓宽资源获取渠道,保障能源供应。①进行深部资源探测。世界上一些矿业大国勘探开采深度已达 2500~4000 米,而我国勘探深度一般为 500 米。②开采海洋天然气水合物。2013 年 3 月,日本经济产业省宣布,由石油天然气和金属矿产公司领导的实验小组已从海底成功提取可燃冰,这是全球首次通过在海底分解含有大量天然气成分的可燃冰来取得天然气。目前,已探明的可燃冰储量已相当于全球传统化石能源储量的两倍以上。③开采页岩气和页岩油。页岩气和页岩油资源的技术可采潜力巨大,美国使用人工地震和水平钻探等开采技术,成为大规模商业开采页岩气的国家。2010 年,美国页岩气产量达 1378 亿立方米,占美国天然气产量的 25% 左右,近 5 年年均增长 48%,200 多家企业掌握了页岩气开采技术,正在推动一场"页岩气革命"。

3. 信息网络领域

信息技术和产业正在进入一个转折期,2020 年前后可能出现重大的技术变革,人、机、物三元融合的新应用正逐步将现有 ICT 技术推到极限(表2)。信息技术将突破语言文字壁障,发展新的网络理论;新一代计算技术在信息化、数字化、网络化的基础上将建立教育、科研、制造、贸易服务、公共治理等新模式。

一方面,宽带、天线、智能网络将继续快速发展,超级计算、虚拟现实、网络制造、网络增值服务等产业突飞猛进。另一方面,集成电路将逐步进入

"后摩尔时代"，计算机将逐步进入"后PC时代"；"Wintel"（Windows＋Intel）平台正在瓦解，多开放平台将会形成。同时，互联网进入"后IP时代"（即基于IPv6的下一代网络）将是不可避免的发展趋势，云计算、大数据、物联网的兴起也是信息技术应用模式的一场变革。

表2　信息网络技术的现状和2030年预期

类别	现状	2030年预期
数据处理技术	各类大型企业需要大量数据分析，积累的数据量已超过系统有效支撑能力	确保需要信息的人在适当的时间收到适当的信息，而不受杂乱或无关信息的干扰
社交网络技术	大量的人已接受社交网络，并发现该网络的创新使用方法	随着新用途的发现，社交网络会不断进化
智能城市技术	目前智能城市的IT组件集成很差，且功效不是很好	新的发展中城市将安装半集成IT基础设施以提供服务

资料来源：《全球趋势2030》

但值得注意的是，目前现有信息技术未来需要面对规模、性能、能耗、安全这四大技术挑战：在规模方面，再过十几年，百亿级用户、万亿级的终端是现有技术无法支撑的；在性能方面，到2025年，人们需要ZB（10的21次方）级数据处理，采用现有技术需要100亿台服务器，但是我们现在不可能有那么多台服务器；在能耗方面，谷歌数据显示每次点击需要耗费0.0003度电，到2025年，仍用现有的技术，年用电量需要137个三峡电站供应，相当于2009年全国发电量的3倍，这无疑是对能耗的挑战；在安全方面，现在已经存在攻击、信用窃取和监管问题，到2025年安全边界将延伸到物理世界和人类世界。

4. 先进材料和制造领域

材料和制造是人类文明的物质基础，制造业是国民经济的产业主体（表3）。未来30～50年，能源、信息、环境、人口健康、重大工程等对材料和制造的需求将持续增长，全球化、绿色化、智能化将加速发展，制造过程的清洁、高效、环境友好日益成为世界各国追求的主要目标。

表3　现代化制造现状和2030年预期

类别	现状	2030年预期
机器人技术	机器人已经广泛应用于国防和制造业	机器人在一些情况下将取代人类劳动，工业和服务机器人的界限将变得模糊
远程和自动交通工具	目前已应用于国防、采矿和勘探	无人机将经常用于监控国内及国家间的冲突、执行禁飞区任务和从事国界调整

资料来源：《全球趋势2030》

世界科技创新的趋势与启示

新材料领域需要重点关注的是石墨烯。石墨烯是目前最薄、最硬的纳米材料，几乎完全透明，电阻率比铜和银更低。预计2024年前后，石墨烯器件有望替代CMOS器件。其未来的应用领域还包括纳电子器件、光电化学电池、超轻型飞机材料等。在智能制造领域，将从分子层面设计、制造和创造新材料，这种新材料与直接数字化制造结合，将产生爆炸性的经济影响。制造领域需要关注的是3D打印技术，在制造原理上，3D打印改变传统加工模式，使用计算机设计数据，通过材料逐层堆积的方法制造物品。在材料应用上，可以使用多种材料，比如树脂、塑料、陶瓷、金属等，由于3D打印处于制造业数字化、网络化、智能化的关键连接点，未来将与其他智能化、人性化生产技术一起，推动整个工业系统的变革。除此之外，还需要重点关注机器人技术和远程自动交通工具。

5. 农业领域

未来农业必然进入生态、高效、可持续的时代，不仅将继续发挥其保障食物安全和国民经济发展等传统功能，还将负担起缓解全球能源危机、提供多样化需求和优良生态环境等新使命。这就要求在一些基本问题上取得突破：①生物多样性的演化过程及其机理。②高效抗逆、生态农业育种的科学基础与方法。③营养、土壤、水、光、温度与植物相互作用的机理和控制方法。④耕地可持续利用的科学基础。⑤全球变化的农业响应。⑥食品结构的合理演化等。在以上六个方面，已有所突破，如水稻不育系机理研究取得重大突破，我国成功克隆了三系杂交水稻中广泛利用的野败型细胞质雄性不育基因WA352；在动物基因组测序方面，我国发表了全球首个山羊基因组图谱，并鉴定出50多个与山羊绒密切相关的基因。

农业的一个重点战略性产业就是农业分子育种，当前主流的单基因转基因技术尽管较为成熟，但作物性状改良范围和空间有限，未来的发展方向是多基因控制、多目标嵌入的农业分子模块育种。农业分子育种的关键问题：一是研发上功能分子集成模块的发掘和利用；二是建立分子模块育种体系，培育高产、优质、高抗逆、高效益的综合性能优良的新品种。

6. 人口健康领域

预计21世纪中叶，全球人口将达80亿～100亿人，人类将面临传统传染病新的变异和传播，以及新发传染病，如禽流感、心理障碍和精神性疾病、代谢性疾病、老年退行性疾病等的挑战。未来将必须控制人口增长，提高人口质量，保证食品、生命和生态安全，通过疾病早期预测诊断与干预、干细胞与再生医学等方面的研发，攻克影响健康的重大疾病，将预防关口前移，走一条低成本普惠的健康道路。

未来健康领域研究的重要方向：一是基于干细胞的再生医学，二是人造器官的研发。再生医学有望解决人类面临的神经退行性疾病、糖尿病等重大医学难题，引发继药物、手术之后的新一轮医学革命。再生医学目前在科学上、产业上、临床应用上都在孕育重大创新突破。在科学方面，美国FDA已批准干细胞治疗用于心脏病和急性脊髓损伤的临床研究。在产业方面，只要企业和风险投资大量介入，干细胞产业将进入成熟阶段，替代器官、组织工程产品和干细胞药物研发将促进干细胞新兴产业快速发展。在临床应用方面，我国取得多潜能干细胞革命性突破，成功诱导多潜能干细胞（CiPS细胞）；美国马萨诸塞州的先进细胞技术公司（ACT公司）开展的胚胎干细胞临床试验再次证实能够恢复患者视力；英国开展全球首例人工合成学临床试验，解决临床用血问题；世界上首例诱导多能干细胞（iPS细胞）临床试验已在日本获得批准。

人造器官的研发展示化学与生命科学交叉的美好前景。密歇根大学正在研发一种电极，它能使神经元和假肢器件进行"交流"，目前研发已取得一定进展。该电极由7微米的碳纤维制成，碳纤维涂装四层聚合物材料，该电极已经小到可以测量单个神经元的电信号。哈佛大学在硅纳米线网格框架上培养细胞，可从生长在框架上的心肌细胞检测到电信号，斯坦福大学向治愈电子皮肤更靠近一步，他们研发了一种由聚合物网络和包埋在其中的镍微粒组成的材料，该材料能在破损后恢复其电学和力学性质，有望用作机器人或仿生假肢器件的电子皮肤。

在上述六大领域中，任何一个领域的突破性原始创新都会为新的科学体系的建立打开空间，引发新的科学革命；任何一个领域的重大技术突破，都有可能引发新的产业革命，为世界经济注入新的活力，加速现代化和可持续发展进程。

三、我国科技创新的现状分析

党的十八大提出，要全面实施创新驱动发展战略，就要明确判断科技发展态势，把握发展方向。新一轮科技革命在若干重要科技领域、一些基本科学问题的重大突破和技术的变革，将深刻影响人类的生产和生活方式，深刻影响社会发展的进程，深刻影响国家的国际竞争地位。我们必须认真分析科技发展的态势，把握新一轮科技革命的战略机遇，大幅度提升我国自主创新与规模产业化的能力。

我国正处于工业化、信息化、城镇化、市场化、国际化深入发展的重要时期，经济社会结构面临重大转型。目前，我国经济发展存在以下问题：一是产业结构不合理，总体上仍处于国际分工的低中端，加快产业结构优化升级，培育和发展战略性新兴产业，保持国内经济平稳较快增长，将更多依靠科技创新驱动。二是经济发展与自然资源的供给能力和生态环境的承载能力的矛盾日益凸显和尖锐，传统的经济发展方式难以为继，突破能源、资源、环境的瓶颈制约，应对人口老龄化，解决发展不平衡、不协调、不可持续的问题，对科技创新提出更加迫切的需求。

新时期，我国科技发展的重大战略任务是加快从以跟踪模仿向以自主创新为主的转变。近年来，中央和地方政府、企业和社会对科技创新的投入大幅增加，彻底改变了长期以来中国科技投入短缺、人才流失、设施落后、需求不足、社会创新氛围薄弱的局面（表4）。国家对科技创新的支持力度越来越大，主要表现在：一是全社会研发投入显著增加，2012年超过1万亿元，占GDP的1.97%。二是增加对创新基金、863、973、985和知识创新等工程的投入，加强对基础前沿研究和原始创新、重大科技基础设施建设的支持。三是国家组织实施16个重大科技专项、技术创新工程、十大产业振兴规划和战略性新兴产业发展规划。四是支持中国科学院组织实施"创新2020"，启动战略性先导科技专项。五是支持高端创新人才的培养、引入计划等。

表4　近年来我国科技创新的主要成就

成功实现载人航天、月球探测和载人交会对接
解决高速铁路、载人深潜等国家重大工程的一系列关键核心科技问题
突破煤制乙二醇、甲醇制烯烃、煤合成油等关键核心技术并实现工业化应用
取得中微子振荡、铁基超导、量子通信、iPS细胞全能性证明、生物起源与演化等一批世界领先的科学成果

资料来源：中国科学院文献情报中心

目前，我国科技发展仍存在一些薄弱环节和深层次问题：①原始科学创新能力不足。我国的科技研究更多的是对国外先进技术的跟踪模仿，缺少原始创新能力，不少是低水平的重复，真正由我国科学家率先提出和开拓的新问题、新理论和新方向很少。②一些重要关键核心技术仍受制于人。比如，汽车产业，我国20世纪80年代就开始自主研发汽车自动变速器，但其关键技术仍然掌握在跨国公司手中。目前，跨国公司汽车电子、发动机、变速箱等关键零部件在中国市场占有率达90%，由于没有关键核心技术，中国自主品牌汽车企业尽管获取了 1/3 的市场份额，但只获取 1/10 的利润。③科技与经济社会"两张皮"现象。我们对科研成果的考核，重视成果鉴定、论文评奖和职称评定等，而忽视把科研和产业结合起来，转换成实际的生产力。④先导性战略高技术布局仍较薄弱，需要进一步推动基础研究和高技术前沿探索，重视可能发生革命性变革的科技方向，重视交叉综合性科学领域和新兴前沿方向的前瞻布局，积极推动主流学科走到世界前列、重要战略高技术领域实现跨越。

四、发达国家面对新科技革命的策略

世界主要国家为迎接新科技革命，把科技作为国家发展战略的核心，出台了一系列创新战略和行动计划技术，加大科技创新投入，在新能源、新材料、信息网络、生物医药、节能环保、低碳技术、绿色经济等重要领域加强布局，更加重视通过科技创新来优化就业结构、推动可持续发展和提升国家竞争力，力图保持科技前沿领先地位，抢占未来发展制高点。

发达国家尤其重视基础研究，将基础研究作为未来提高国家竞争力的重要举措，基础研究产生的原始创新成果，将产生变革性技术，催生新兴产业，在新的科学技术革命中抢占先机。

美国在高水平就业、振兴制造业、促进经济健康发展、发展清洁能源、保持强大繁荣和全球影响力等方面采取战略行动。日本实施应对资源匮乏、老龄化社会和经济停滞危机的新增长战略，致力于发展绿色经济。欧盟提出智慧增长、包容增长、可持续增长，力图建立创新型欧洲；在发布了"地平线 2020"后，又发布了"Global European 2050"，以复兴欧洲为目标，提出了中长期研发的重点和政策，力图掌握未来发展的主动权。俄罗斯实施促进经济由资源型向创新型转变的战略。印度提出在 2020 年成为知识型社会与全球科技领导者。

以美国的创新战略为例：一是促进国家优先领域的突破，具体包括发动清洁能源革命，加速生物科技、纳米科技和先进制造业发展，推动空间应用的突破，推动健康科技的突破，促进教育技术的飞跃。二是促进机遇市场的创新，投资美国的创新基础，建立世界一流的劳动力队伍，强化美国在基础研究领域领先地位，建设一流的基础设施和先进的信息技术生态系统。

五、对我国战略性新兴产业发展的思考

战略性新兴产业的一个重要特征就是以重大技术突破为基础、以创新为主

要驱动力。建立完善的技术支撑体系,推动战略性新兴产业发展,必须要突破发展模式、转换发展思维、发挥市场导向机制、提高发展质量效益。

但我国的战略性新兴产业在发展过程中有时会走一些弯路,存在"先天不足"(缺乏核心技术)和"后天盲目"(各地一拥而上造成产能过剩)的问题,其中以光伏产业的发展最具代表性。在短短10年时间,光伏产业从无到有,从小到大,又从辉煌走向衰落,是什么原因让一个朝阳行业迅速走向衰落,其中有很多问题值得反思。

思考一:国内光伏产业总体来说还是以人工为主,国内的中小企业还处在一个低端的生产模式上,企业缺乏配套的科研资源,从一开始就注定了光伏产业低技术门槛的特性,低技术意味着只要有资金就可以投身这个行业。随着一些企业瞬间暴富,一时间大量资本在短时间内跟进,造成跟风型盲目投资。这种低技术特点的产业应变市场的能力非常有限,面对欧洲政府政策的调整与美国的"双反"(反倾销、反补贴),我们的应对措施几乎为零。

思考二:光伏企业大多是民营企业,投资来源复杂,他们与电力及相关产业的央企、大学、科研机构的互动太少。光伏及新能源产业是一个有着很高科技含量的行业,同时还必须与类似电力生产这样高度需要安全和专业管理的行业对接。政府必须从产、学、研三个层面全面引导新兴产业,完善并健全整个产业链。

思考三:光伏产业原料和市场长时间两头在外,约有50%的多晶硅材料依赖美欧等进口,生产设备依赖进口,生产成品主要销往欧美市场。国内厂商认为国家的外贸补贴会永久不变地继续下去,从而可以维持行业的高利润。而光伏产业的发展不可能依赖粗放的"买机器、卖产品、拿补贴"的模式。全社会必须以专业的态度关注并且付出,而不是仅仅将其作为一个可以赚钱的行业蜂拥而上。

思考四:当前很多新技术和先导产业最大的特点是其技术的不确定性,很多技术不够成熟,一种技术可能很快就被另一种技术代替,而且往往是颠覆性的。当你在现有的技术基础上把产业规模做大后,将极为被动。政府不应盲目地把新兴产业作为投资需求方向,以避免市场风险。

钱学森的科学技术贡献和他的技术科学思想

郑哲敏

　　浙江鄞县人，1924 年 10 月 2 日生于山东济南。1947 年获清华大学学士学位，1949 年、1952 年分别获美国加州理工学院硕士、博士学位。1993 年当选为美国工程科学院外籍院士。历任中国科学院力学研究所所长、非线性连续介质力学开放实验室主任，中国力学学会理事长，《力学学报》主编，中国科学院海洋工程科学技术研究中心主任，中国科学院技术科学部主任等职。早期从事热弹性力学、水弹性力学、振动及地震工程力学研究。1960 年开始爆炸力学研究，其中"爆炸成形模型律及成形机制"获 1964 年国家新材料、新产品、新技术、新工艺展览会一等奖，"破甲机理研究"获 1978 年全国科学大会奖，"流体弹塑性模型及其在地下核爆炸和穿破甲方面的应用"获 1982 年国家自然科学奖二等奖，"连云港爆炸处理水下软基"获 1988 年中国科学院科技进步奖一等奖、1990 年国家科技进步奖二等奖，"金属板爆炸复合与应用"获 1989 年中国科学院自然科学奖一等奖，"热塑剪切带"获 1992 年中国科学院自然科学奖一等奖。专著有《高能成形》和《相似理论与模化》。2013 年 1 月 18 日被授予 2012 年度国家最高科学技术奖。

一、钱学森的主要科学技术贡献

1. 钱学森是享誉海内外的著名力学家

钱学森是我国近代力学的奠基人之一，创建了中国科学院力学研究所，是中国力学学会第一任理事长。钱学森先生留美时期正值航空工业从低速走向高速和航天工业起步的阶段，飞机以及更广泛意义上的飞行器，从低速向高速发展首先遇到的是空气可压缩性对气动力的影响问题，即可压缩流体动力学问题。1939~1946年，他发表的研究成果主要属于亚声速领域。同一时期他的研究还包括弹性力学中的壳体稳定性问题。在流体力学领域，他的重要贡献有三个方面。

第一，他研究了可压缩性带来的两个最基本的效应，即热效应和波阻效应，给出了波阻与摩阻的比例，指出这个比例会随马赫数增加，另外还给出了气流从对飞行体减温转化为加热的判据。

第二，他根据导师冯·卡门的建议研究了在较低马赫数条件下，可压缩性对机翼升力的影响。他所得到的著名的用来对机翼升力做出修正的公式，后来被称为卡门-钱学森公式（Karman-Tsien formula），其在当时飞机的设计中起了直接的作用。

第三，他在前人研究的基础上，研究并证实了轴对称和一般条件下理想流体流动的局部超声速无旋流场中出现极限线后，必然出现冲击波，使全局性连续无旋流场不能继续存在。这时的来流马赫数被定义为上临界马赫数，以表明这是可能存在连续无旋流场的最高马赫数。之后，他在与著名力学家郭永怀先生合作的论文里，提出了理想可压缩流体绕流流场的严格解法，定量地求得了上临界马赫数。流场中一旦出现冲击波，机翼的阻力马上就增加，上临界数是与最小阻力相对应的，因此不论在理论上还是在工程师设计的理念中都是个重要的概念。壳体结构是减轻飞行器的有效途径。在20世纪30年代，一个困扰航空结构工程师的严重问题是带曲率薄壳结构的稳定性，因为当时所有理论预测的临界值都远大于实验值，这使工程师们陷于没有理论可遵循的困难境地。

钱学森先生作为空气动力学的专家，在取得博士学位后便将这个弹性力学方面的难题作为出师后第一项独立的工作。在一连串论文中，他和导师冯·卡门首先确认这是一个具有多个平衡位形的非线性问题，建立了相应的方程，结合实验观测，第一次用能量法得出了接近实验值的临界判据。由于对这类非线性失稳现象所做的深刻分析和计算方法的实用性，这一系列研究成果在当时的力学界和航空界产生了很大的影响。钱学森先生着重于研究真实气体在低密度、高温、高压条件下的物理特性并将其作为新的因素，体现和应用于空气动力学问题，推动了空气动力学向新领域的开拓。

2. 钱学森是中国航天事业的开创者

钱学森被誉为中国的航天之父。他创建了我国火箭和航天的科研体系及产业，以讨论、研讨会（seminar）方式组建了我国第一代火箭和航天技术专家队伍，建立了航天系统工程管理体系。早在1939年，钱学森先生与Malina合作发表了他在火箭方面的第一篇论文。这是1937年他参加加州理工学院古根汉姆航空实验室火箭小组后所做研究工作的一部分，文章讨论了探空火箭的飞行弹道问题，特别联系到一种以固体燃料作以脉冲方式驱动的发动机，因为这是当时火箭小组实验所采用的方案。文章指出，根据当时所得的数据，探空火箭所能达到的理论高度远高于实际已经达到的高度，因此还有很大的潜力。文章的价值首先在于它对这个问题作了深入和全面的力学分析，包括重力场变化和气动阻力的影响，它对将当时尚属初创阶段的火箭技术放到科学基础上，起到了重要示范引领作用。脉冲驱动当然不是本质因素，因为只要脉冲的间隙足够短，它与连续驱动并无区别，正如文章指出的那样，重要的是燃料的比冲。

他系统地提出了火箭和喷气推进技术面临的科学问题，其中有些见解是十分独到的。例如，为了解决火箭发动机耐高温的问题，他提出在发动机工作时间短的条件下，可以舍弃传统的弹性力学方法而改用流变体力学的方法；他还提出为了实现远程和洲际火箭航行，可以设想在火箭上安装翅膀。我们知道，这种设想后来在美国航天飞机上得到了完全的实现，航天飞机正是利用这个道理实现了重返地球的长距离滑翔，克服了回地所面临的热障问题。

钱学森深刻地体会到，面临高温、高压和高应力状态所带来的问题，传统的实验手段遇到了新的挑战，必须借助于原子、分子和凝聚态物质的微观理论，因此为力学提出了一个超越经典力学的新的领域，那就是物理力学。历史的发展表明他这种思想是很超前的，如今不仅力学，物质的微观理论与工程技术研究相结合，在其他众多领域也已经被普遍采用。

3. 钱学森奠定了我国战术导弹发展之基

他使我国在极其困难的条件下搞成两弹一星，极大地增强了中国的国力，特别是自卫能力。他为我国发展导弹技术的战略决策提供了技术支持，组建了我国第一个导弹机构，开辟了自行研制之路。

4. 钱学森创建工程控制论、物理力学和系统科学等许多新的学科

由于要返回祖国,他从 1950 年起被美国剥夺了自由,但他依然含辛茹苦,在无比压抑的五年中完成了一部世界名著:《工程控制论》。钱学森将《工程控制论》送给自己的导师冯·卡门,冯·卡门对钱学森说:"我为你感到骄傲!你创立的工程控制论学说,对现代科学事业发展是巨大的贡献。你在学术上已经超过了我。"他创建了综合集成方法。综合集成方法是研究处理复杂问题现实有效的方法论,使我国在复杂性研究方面走在了世界的前列。他发展了运筹学的思想,并以工程科学思想创建中国科学院力学研究所,使研究所的学科建设富有前沿性、交叉性、时代性。

5. 钱学森一向重视教育,大力培养新生力量

他认为,中国要有大的发展,需要更多的钱学森,即需要更多出色的科技创新人才和领军人物。早在 1958 年,他就与郭永怀一起,发起和倡议创办专攻尖端科学,实行"全院办校,所系结合"(全科学院办校,研究所与系结合)和理工结合的中国科学技术大学,并亲自担任近代力学系的系主任,亲自给学生开设并讲授《星际航行概论》课程,亲自指导学生研制小火箭等科研活动,强调基础要打好,专业要精,在人才培养方面做出了突出贡献。例如,在他主持中国科大近代力学系工作的 8 年(1958~1965 年),入学的一千余名学生中,后来有 40% 的人被晋升为教授、研究员或教授级高级工程师,并涌现了 8 位两院院士和 9 位将军。

二、钱学森发展与传播技术科学思想

技术科学的建立是历史发展的必然结果。首先把它准确完整地勾画出来,指出这是一个新领域,是钱学森的巨大功绩。钱学森的技术科学思想是留给我们的宝贵财富。技术科学思想是钱学森科学思想的重要组成部分。技术科学思想在钱学森全部科学与技术的实践活动中占有重要的位置,在创建和发展我国火箭导弹和航天事业中发挥了十分重要的作用。因此,回顾他的技术科学思想,在今天仍然是极有意义的。下面着重谈谈这个方面。

1. 技术科学的历史使命是富国强民

钱学森通过自己的科研实践、教学活动,并目睹了第二次世界大战原子武器和雷达技术发展及其对国家和社会的影响后,敏锐地察觉到,战后科学与技术的关系、国家政策与科学和技术发展的关系,发生了深刻的变化并且由此产生了一个新的科学领域——技术科学。他系统地总结了这一历史发展，并于1947年回国访问时，以"工程与工程科学"为题，把它作为礼物献给自己的祖国，意在引起国内科技界的重视。1957年，在向中央提出"建立我国国防航空工业的意见书"和参加制订我国"1956～1967年科学技术发展远景规划纲要"后，他又一次在《科学通报》上发表题为"论技术科学"的文章。可见他对在我国发展技术科学必要性和紧迫性的重视。

在1948年发表的"工程与工程科学"一文中，钱学森一开始便写道："既然工业是国家富强的基础，技术和科学研究就是国家富强的关键。"到了20世纪40年代中期，人们已经普遍地认识到"如同长期以来的农业、金融政策或者外交关系一样，技术与科学研究现已成为国家的事情"，"虽然在早期，技术与科学研究是以未加计划的、个体的方式进行的，可是到了今天，在任何主要国家这种研究都是受到认真调控的"。接着，他以原子弹和雷达为例，指出"纯科学上的事实与工业应用间的距离现在很短。……为了使工业得到有成效的发展，他们（纯科学家和工程师）间的密切合作是不可少的"，于是，"纯科学家与从事实用工作的工程师间密切合作的需要，产生了一个新的行业——工程研究家或工程科学家。他们成为纯粹科学和工程之间的桥梁。他们是将基础科学知识应用于工程问题的那些人"。

由此可见，钱学森视科学和技术，尤其是技术科学为富国强民之本。他以祖国的繁荣富强为目的，一再把技术科学介绍给我国科技界。他希望通过技术科学的研究，缩短由科学研究成果到工程技术成果的周期。回国以来，他在科学技术方面的实践也清楚地表明了这一点。

2. 什么是技术科学

钱学森指出，技术科学要为工程技术提供有科学依据的工程理论，它是以为工程技术（广义上指一切应用领域）服务为目的的科学。这使技术科学区别于自然科学（现称基础科学）。简单地说，自然科学以认识世界为目的，而技术科学则以改造世界为目的。技术科学也不等同于工程技术，因为技术科学研究工程技术中带有共性的东西，意在使工程设计摆脱传统上以依靠经验为主的局限性，从而加速产业的创新与发展。在《工程控制论》一书的前言中，钱学森写道："技术科学致力于将工程实践中的设计原理组织成学科，以揭示不同工程实践领域的相似性和强调基本概念的强大威力。"

技术科学以自然科学的理论为依据，创建工程技术所需的工程理论。这首先是因为自然科学的理论有普适性。其次，由于自然科学为了弄清楚事物的基本规律,不得不把研究对象置于最简单的条件下,而且因为是追求最基本的规律,自然科学不必,也不能提供解决工程技术问题所必需的所有规律。然而技术科学研究的对象大多受多种条件的影响或约束,不允许像自然科学那样把条件做简化,因而往往没有现成的规律可用。因此,钱学森首先把技术科学界定为自然科学与工程技术间的桥梁,同时指出技术科学研究也是一种富有创造性的劳动。

但是,技术科学又不限于仅仅作为桥梁。钱学森指出:"我们不能只看到自然科学作为工程技术基础这一方面,而忽略了反过来的一面,也就是技术科学对自然科学的贡献。"就是说,技术科学和工程技术实践也会导致科学上原创性的发现。他进而以工程控制论和运筹学(当时称为运用学)为例,指出在自然科学领域里没有它们的祖先。他还很有预见地提到,技术科学的贡献甚至不限于自然科学领域。这事实上驳斥了一种流行的论点,即惟有自然科学才是认识的源泉。今天,信息科学和系统学的蓬勃发展进一步表明钱学森当时的认识是何等具有远见。

3. 技术科学如何为工程技术服务

技术科学工作者应能回答工程师们提出的一般问题,然而只做到这一点是远远不够的。钱学森指出,技术科学要领导产业的发展。这可以说是科学工作者的最高目标,而且也是能够做到的。历史上不乏这样的事例。例如,技术科学的先驱、应用力学的创始人 L. Prandtl 创立了有限翼展机翼理论和边界层理论,一举解决了困惑科学界多年的飞行阻力来源问题,为航空工业的发展开辟了道路。从近处说,由于两弹一星在物理和化学等基础科学层次上的问题是清楚的,所以实现两弹一星的任务,在科学和技术方面属于技术科学和工程技术的范畴。它的实现是在党的领导下,我国科学家和工程师密切合作的结果,也是显示技术科学重要作用的一个极有说服力的范例。

自然科学的科学家是从科学问题和学科出发选择课题的,个体劳动是主要形式,除大科学工程外,不需要也不可能严密计划。技术科学的科学家则是从工程技术当前和未来的需要确定课题的,在鼓励个人自由创造的同时,常常需要集体的劳动组织形式和必要的计划性。工程技术的需要往往是综合的,所以又需要多学科的合作和相互渗透。对于以实现国家目标为目的的综合性科学技术研究与发展的项目,则需要首先进行顶层设计,在队伍的组织上要体现多学科、有层次、有梯队的全面配置。1956 年,在钱学森给中共中央的报告"建立我国国防航空工业的意见书"中写道:"健全的航空工业,除了制造工厂之外,应该有一个强大的为设计服务的研究及试验单位，应该有一个做长远及基本研究的单位。自然，这几个部门应该有一个统一的领导机构，做全面规划及安排的工作"，这集中反映了他的技术科学观点。同时，既然需要多方面的合作，那么做技术科学研究工作就应该具有团队精神，而这也正是钱学森建立中国科学院力学研究所时经常强调的。

技术科学工作者应当始终立足于创新，要立志于超过前人。他曾说，选题目时就要有超过别人的决心，否则不如不干。这就是说要创新，要争第一。从研究空气动力学到提出稀薄气体力学，从研究火箭发动机到提出了物理力学，从研究火箭的控制到提出了工程控制论，就是他不断把具体问题的研究提高到科学理论和学科层次上的努力，以便在更广泛的领域内，以新的观点、新的概念、新的方法、新的工具为工程技术服务。这样，也就同时实现了科学上的创新。

4. 技术科学的方法论

钱学森认为，为了做好为工程技术服务的工作，技术科学工作者需要掌握三方面的基本功，即扎实的自然科学知识、工程技术知识、高等数学和计算数学知识。书本知识当然是必要的，但是随着时代的前进，知识在不断更新，服务的对象也会有变化，所以钱学森很强调边干边学，很强调学术讨论和自由交流，很强调要同有关科学家和工程师交朋友。他主张，在确定研究课题之后，第一件事是掌握所有有关这个课题的资料和现况，把它作为研究工作的起点。因为，基础知识也好，资料和情况也好，仅仅是工作的准备阶段，还不等于研究工作本身。他说："把这些资料印入脑中，记住它，为下一阶段的工作做准备，下一阶段就是真正创造的工作了。创造的过程是：运用自然科学的规律为摸索道路的指南针，在资料的森林里，找出一条道路来。这条道路代表了我们对所研究问题的认识，对现象机理的了解。也正如在密林中找道路一样，道路绝难顺利地一找就找到，中间很可能要被不对头的踪迹所误，引入迷途，常常要走回头路。因为这个工作是最紧张的，需要集中全部思考力，所以最好不要为了查资料而打断了思考过程。最好能把全部有关资料记在脑中。当然，也可能在艰苦的工作后，发现资料不够完全，缺少某一方面的数据。那么为了解决问题，我们就得暂时把理论工作停下来，把力量转移到实验工作上去，或现场观察上去，收集必要的数据资料。所以一个困难的研究课题，往往要理论和实验交错进行好几次，才能找出解决的途径。"他进一步指出，接着就是要根据对问题的认识，建立数学模型和进行计算。在建立模型方面，他十分强调要抓主要矛盾,即"吸收一切主要因素,略去一切不主要因素所制造出来的'一幅图画',一个思想上的结构物"。这样做之所以必要其原因有二,一是加深了对问题实质的认识,二是把问题简化到可以进行计算的程度。钱学森强调计算也有两个原因,一是理论的正确性需要有数值的验证,二是数值结果才是工程师们所能直接使用的。这里表现出技术科学的一个基本思想,那就是,一定要把工程技术问题提高到科学理论的高度来研究,同时研究工作的成果不能只停留在理论的议论中或实验室里,一定要使其成为工程师们能理解,用得上的东西。换句话说,技术科学的研究不应当停留在从理论到理论的层次上。

钱学森一向重视计算工作,并且十分关心电子计算机和计算技术的发展。他一贯认为,只要有可能,就要在最大限度内,尽量以计算代替实验工作,因为这样做是最经济的。对于有些极端情况,如很高的压力、温度、速度或很小的时间和空间尺度,实验是很困难的。这时从基础科学理论和计算方法上探讨新的途径,就应当特别受到重视。这也正是他提出物理力学这一技术科学分支的初衷。

这里再对前述的技术科学方法论做些补充说明。抓重要矛盾,忽略次要矛盾,并在此基础上,形成清晰的概念,是应用力学学派从 L. Prandtl, Th. von Karman 到钱学森经过长期探索,找到的一种行之有效的方法。通过有领导的、定时的集体讨论,形成哪些该肯定,哪些该否定,哪些该继续探讨的意见,并付之实施,下次开会时首先检查执行情况,是冯·卡门在加州理工学院航空系所倡导和实践的领导和组织科研工作的方法。这体现了在科学研究上的民主集中制。另外,记得在加州理工学院喷气推进中心的一次学术研讨会上,钱学森十分生动地就必须用实验反复检验和修正理论的问题,做了深入系统的发言。这些都是钱学森长期从事科学研究的心得。所以在回国初期,钱学森常不无感慨地说,我们在国外经过长期苦苦探索得来的方法,原来毛主席在矛盾论和实践论里早已说清楚了!

5. 技术科学教育

1947 年钱学森便主张,培养一位技术科学工作者,需要在本科的基础上,再加上研究生阶段,一般共需 7~8 年。因为,一位合格的技术科学工作者需要接受自然科学、工程技术和高等数学三个方面的训练,而且这三个方面的训练必须是紧密结合的,要克服老式工科教育三者脱节的缺陷。

在他担任古根海姆喷气推进中心主任和讲座教授期间,他曾把他对技术科学教育的思想做以下简要的描述,"加州理工学院古根海姆航空实验室(GAL-

CIT）首任系主任 von Karman 确立了理论与实践结合，作为科学工程的原则。工程问题应该在全面、不做过分简化的前提下加以研究，所采用的应当是从高等的近代科学获取的最有效的解决方法"。

回国后，无论在创建中国科学院力学研究所与清华大学合作的力学研究班或者中国科技大学近代力学系时，他都坚持了这一原则。

三、钱学森技术科学思想对我们的启示

我认为，钱学森所主张的技术科学仍然是我们今天所需要的。同技术科学相近的另一个名词应是应用基础（科学），但后者只涉及技术科学中基础的部分。然而，值得注意的是应用基础缺少钱学森对技术科学那样全面的界定。这使得应用基础的概念比较模糊，难以准确掌握。例如，在实行中，有人只强调应用而忽视要在科学理论上下功夫，有人只强调基础研究而忘记了研究的目的，以致许多研究长期解决不了问题，学科上也并无实质性建树。基于同样的原因，在研究目标和路线的制订、研究队伍的组织、研究项目的管理、研究成果的评价、研究队伍的培养等方面，也存在不少问题。反过来，如果我们在全面理解技术科学的性质、作用、任务和特点的基础上，按应用目标组织科学研究，那么情况很可能要好得多。

对于科学和技术发展工作政策的制定者和科学研究的管理工作者而言，钱学森的技术科学思想尤为重要。例如，如何制定基础科学和技术科学规划，在基础科学和技术科学的投入应保持何种比例，对待基础科学和技术科学在政策方面应有什么区别，在评价体系上应有什么区别等，都同对技术科学的认识密切相关。按照技术科学的观点，应当首先根据国家发展的需要确定国家目标。对于有国家目标的技术科学研究项目，首先应当从世界当前的科学和技术现状作为出发点，紧密围绕所要求达到的工程技术或其他应用目标，来制定技术科学研究规划和计划。在根据工程技术或其他应用目标制定规划和计划这一点上，同为基础科学作规划和计划有显著的不同。为达到这个目标，往往需要多学科的相互配合，需要有不同专业的人参与，这就带来一系列包括选择适当的项目总负责人在内的组织、计划和管理问题。这又涉及在科学技术问题上，如何体现学术上的自由探索、民主讨论和集中决策的问题。由此可见，钱学森技术科学思想向科学和技术政策制定者和科技工作管理者提出了一系列需要着重思考的问题。

技术科学研究与预先研究有密切的关系和相同之处。然而，目前在我国的

一些重要领域里，没有把预先研究放到应有的位置上。这不能不说与人们对技术科学缺乏正确的认识有关。在这些产业部门里有所谓"型号带动"的说法，就是说，研究项目必须与具体的产品型号挂钩，在没有确定产品的型号之前或者在不与具体产品挂钩的条件下，就没有研究经费来源。这种做法必然严重地阻碍基于自己的科学研究成果的新产品的开发，因为如果没有自己的预先研究，也就是说没有超前的研究，怎么会有新概念，怎么会有真正属于自己的新型号，怎么谈得上发展自己的新型号，怎么会有产品的创新，更谈不上开创新的产业了。其结果充其量不过是原有产品的改进。而有些所谓新概念，无非是贩卖国外已有的东西，甚至不过是别人业已丢弃的东西。这种做法如果不予注意，后果将会是十分严重的。难怪许多有识之士惊呼"我们的储备没有了"。

鉴于以上情况，我认为在社会上宣传钱学森的技术科学思想，普及技术科学的知识，是很有必要的。我还认为，在科技界，特别是青年学生中，宣传钱学森的技术科学思想，也同样是很需要的。

改革开放以来，通过引进，我国的产业面貌有了很大的变化，取得了显著的进展，这是有目共睹的。然而，改革开放的经验同时也告诉我们，真正的高技术靠引进是拿不来的。这方面的例子很多。怎么办？只有依靠自己的努力。所以，首先应当宣传"科教兴国"的思想，爱国主义的思想，为建设强大的工业化祖国做贡献的思想。要号召有志青年投身到技术科学的队伍中来，用最先进的科学理论和技术来加速我国工业化、现代化的进程。其次，应当宣传钱学森技术科学论述中提倡的那种严肃的科学态度，踏踏实实、一丝不苟、不怕艰苦的工作作风。作为一名技术科学工作者，还要培养为工程技术服务的热情。对于他人或自己的工作，要把它放在更大的背景里来审视，这样才不至于失去比例，才能正确地做出评价。再次，应当宣传科学上不断攀登和超越自身的思想。科学探索是无止境的，永远不可停滞，同时探索也是有风险的，要经受得起失败的考验，最宝贵的经验往往来自失败，失败是成功之母。最后，要掌握先进的方法论，用先进的哲学思想武装自己的头脑。

在1948年和1957年的文章里，钱学森分别列举了当时处于时代前沿的一些分支学科，其共同特点是，应用前景重要和科学内涵丰富，半个世纪以来世界的科学和经济的发展实践已经充分证明他的远见卓识。现在世界已经进入信息时代和生命科学时代，有更多新的技术科学的领域有待人们去开辟。所以说技术科学是大有发展前途的。总之，钱学森的技术科学思想具有丰富的内涵和强大的生命力，学习和发扬他的思想将会对我国的腾飞和富强起到重要的作用。认真加以研究，并在实践中加以发展，是我们当代人义不容辞的责任。技术科学是一个十分重要的领域，热切希望，经过讨论，技术科学的健康发展能够得到进一步的推动。

四、钱学森是民族的楷模，自尊自强，爱国爱民

钱学森刚回国不久，有位记者问他："您认为，对于一个有为的科学家来说，什么是最重要的呢?"他答道："对于一个有为的科学家来说，最重要的是要有一个正确的方向。这就是说，一个科学家，他首先必须有一个科学的人生观、宇宙观，必须掌握研究科学的科学方法! 这样，他在科学研究上的一切辛勤劳动才不会白费，才能真正对人类、对自己的祖国做出有益的贡献。"1947年，他在 36 岁时被晋升为终身正教授。如果他愿意，他本可以在美国过物质条件相当优裕和安稳的生活。但他心系中华民族的命运与兴衰，在美国那么长时间，却从来没有申请过加入美国国籍。他从一开始就是要学成归来，报效祖国的。"我的事业在中国，我的成就在中国，我的归宿在中国。""我作为一名中国的科技工作者，活着的目的就是要为人民服务。如果人民最后对我一生所做的工作表示满意的话，那才是对我最高的奖赏。"钱学森是爱国知识分子的杰出代表和光辉典范，我们要学习、效法!

钱学森的科学技术贡献和他的技术科学思想

弘扬两弹精神，发展高新科技 *

胡思得

物理学家，1936 年 3 月生于浙江省宁波市。1958 年毕业于上海复旦大学物理系理论物理专业。毕业后一直在二机部九院（现中国工程物理研究院）工作，从事核武器的理论研究和设计。历任研究室副主任、副所长、副院长、院长。现任院高级科学顾问，院战略研究中心主任。1987 年任研究员，1995 年当选为中国工程院院士。

先后参加或主持领导了多项核武器理论研究设计工作。作为主要完成者之一，曾获"国家科技进步奖特等奖" 1 项、"国家科技进步奖一等奖" 3 项、"国家科技进步奖二等奖" 1 项、光华科技基金奖一等奖、何梁何利科技进步奖。全国能源工业劳动模范，全国优秀科技工作者，五一劳动奖章获得者，四川省十大杰出劳动模范。

---

* 本文根据中国近现代科技回顾与展望学术研讨会论文《两弹突破对发展高科技研究的启示》改写而成。原作者：胡思得（中国工程物理研究院）、钱绍钧（解放军总装备部）。

《中共中央国务院关于'加强技术创新，发展高科技，实现产业化'的决定》指出："要在科技人员中大力弘扬爱国主义、集体主义和求实创新、拼搏奉献的精神。""发扬当年搞'两弹一星'的那种团结协作和艰苦奋斗的精神，发挥科技第一生产力的强大作用，努力提高国民经济整体素质，增强综合国力，把我国社会主义现代化建设事业推向前进。"

总结"两弹一星"发展的宝贵经验，对在 21 世纪实现我国高新科技事业的腾飞，可以提供一些有益的启示。

什么是"两弹一星"精神？1999 年江泽民同志归纳为"热爱祖国、无私奉献，自力更生、艰苦奋斗，大力协同、勇于登攀"24 个字。

在党中央的统一领导下，我国从事核武器研究的科学家、工程技术人员、干部、工人和人民解放军指战员，在物质技术基础十分薄弱的条件下，发扬"两弹一星"精神，在较短的时间内实现导弹、原子弹和氢弹、卫星技术的突破，走出了一条有中国特色的科技创新的道路。人们在创造"两弹一星"辉煌的同时，也铸造了崇高的"两弹一星"精神。

一、热爱祖国、无私奉献

我国发展原子弹和氢弹事业的成就，是中华民族科技创新的伟大壮举，对推动我国高科技的发展，增强综合国力发挥了十分重要的作用。

中国发展核武器是在特定的历史条件下，迫不得已做出的决定。新中国成立后，仍然受到战争的威胁，包括核武器的威胁。中国要生存、要发展，就别无选择。

朝鲜战争爆发以后，五角大楼就一直在研究使用原子武器的可能性。美国陆军参谋长劳顿·柯林斯说："可以想象，在中国共产党发动全面攻势的情况下，对部队和物资集结地使用原子弹，也许是使联合国军守住二条防线或尽早地进行一次向满洲推进的决定性因素。"

在 1953 年 10 月 30 日美国"国家安全基本政策"的机密文件中写道："万一与苏联或中国发生敌对行动，美国将把核武器视为同其他武器一样可供使用的武器。"在 1953 年 11 月 6 日名为"美国对共产党中国的政策"的另一份文件中写道："一旦与中国发生全面冲突，美国将会"使用各种武器对中共空军和其他设施实施决定性打击"，尽管这"可能需要动用美国很大一部分原子武器"。1955 年 3 月，美国总统艾森豪威尔在一次新闻发布会上宣称，如果远东发生战争，美国当然会使用某些小型战术核武器。1955 年 3 月 25 日，美国海军作战部长罗伯特·卡尔内海军上将向报界透露说,美国已拟定了一个向中国全面进攻的计划。

严酷的现实使中国最高决策者意识到,为了国家安全,中国必须拥有核武器,制造自己的核盾牌。1955年1月,党中央审时度势,高瞻远瞩,做出了创建核工业、研制核武器的战略决策。1956年4月25日,毛泽东主席在《论十大关系》讲话中进一步指出:"我们……不但要有更多的飞机和大炮,而且还要有原子弹。在今天的世界上,我们要不受人家欺负,就不能没有这个东西。"中国研制和发展少量核武器,不是为了威胁别人,完全是出于防御的需要,是为了自卫,为了维护国家的独立、主权和领土完整,保卫人民和平安宁的生活。中国发展核武器也是为了保卫世界和平,为了打破核讹诈和核威胁,防止核战争,最终消灭核武器。

1958年,核武器研究所和核试验基地相继成立,拉开了核武器研制的序幕。许多满怀爱国热情的优秀科技人员陆续聚集到这一国家目标的旗帜之下,其中包括在突破和发展两弹中做出特别重大贡献的钱三强、王淦昌、彭桓武、郭永怀、程开甲、朱光亚、邓稼先、陈能宽、周光召、于敏等一批杰出的科学家。与此同时,国家还先后指派了宋任穷、张爱萍、刘杰、刘西尧、李觉、张蕴钰等很多优秀的将领和干部来领导和组织核武器研制这一宏大的工程。一批批刚从大学毕业的青年学生,从全国各地调来的干部、技术人员、工人和人民解放军指战员,也陆续加入了这支光荣的队伍。

投身于这个壮丽工程的人们,深知他们所从事的事业,是国家和民族根本利益之所在,是能使国家摆脱屈辱、自强自立于世界民族之林的壮举,是打破超级大国核垄断核讹诈、壮我国威、壮我军威的神圣使命。他们决心把个人的一切都交付给这一崇高的事业。当组织上抽调像王淦昌、彭桓武这样一批顶级的科学家来参加核武器研制工作时,他们的回答既豪壮又简单:"我愿以身许国","国家需要我,我去"。

郭永怀在抗战的烽火中出国留学,曾目睹日寇的飞机在头顶横行,决心选择对航空起决定作用的空气动力学专业,将来服务于中国的国防事业。1950年,钱学森想启程回国被扣押后,郭永怀的自由也受到了限制,连去英国讲学都不被批准。1955年,中美大使级会议达成侨民可自由回国的协议后,钱学森便马上离开。美国移民局又派人劝说郭永怀,得到的回答仍是坚决要回国。为避免美方以他掌握重要资料为由再加阻挠,他竟在与同学聚会时把十几年来写好的文稿投入篝火。

邓稼先在得知要去参加国家"放大炮仗"的任务时,深情地向妻子许鹿希教授表白：“我的生命就献给未来的工作了。做好了这件事，我这一生就过得很有意义，就是为它死了也值得。”

朱光亚早年在国外求学，当他得知祖国已经解放站立起来了，就很快和52位中国留美学生在纽约《留美学生通讯》上发表了“致全美中国留学生的公开信”。在信中他们写道：“祖国在向我们召唤，五千年的光辉文明在向我们召唤，我们的人民政府在向我们召唤。回去吧！让我们回去，把我们的血汗洒在祖国的土地上，灌溉出灿烂的花朵！”

正在苏联杜布诺联合原子核研究所工作的中国青年科学家周光召、吕敏、何祚庥等，当得知苏联突然撤走所有在华专家的消息时，义愤填膺，主动请缨，要求立即回国，参加原子弹的研制工作。有人问周光召：你本来是研究粒子物理的，在国际学术界有相当的地位，为什么要改行呢？周光召说：“如果国家需要，这是光荣的事情，我愿意放下自己的专业去从事国家需要的研究……光自己有名，国家不行，到头来还是没有用处。”

在突破氢弹原理中做出重要贡献的于敏院士说：“中华民族不欺负旁人，也决不受旁人欺负，核武器是一种保障手段。这种朴素民族感情、爱国思想一直是我的精神动力。”著名物理学家程开甲说：“很荣幸自己能够参加到那一段波澜壮阔的事业之中。这种自豪，至今激励我还要干下去。”

当时我国处于非常严峻的国际环境，苏联撕毁合作协定，终止援助；美国总统肯尼迪扬言“原则上不管用什么手段，必须阻止中国成为一个有核国家”；1963年9月28日美国《星期六邮报》刊文声称：“总统和他的核心顾问们原则上都认为，必须不惜用一切办法来防止中国成为一个核国家。禁试是达到这个目的的非常重要的第一步。”

但就是这支队伍，在十分严峻的国际环境背景下，在非常艰苦的生活条件下（图1），利用有限的科学研究和试验的手段（图2），顽强拼搏，奋发图强，锐意创新，克服了各种难以想象的困难，突破了重重技术难关。在青海草原、戈壁沙滩到处涌现出可歌可泣的动人事迹，人们用汗水、热血和宝贵的青春谱写着我国尖端技术发展的光辉篇章。

终于在1964年10月，我国自主研制的第一枚原子弹爆炸成功。两年另两个月之后，氢弹的原理性试验也爆炸成功。又过了半年，第一颗氢弹又告爆炸成功。在如此短的时间内，原子弹、氢弹（科技）相继取得突破，这是史无前例的。从第一颗原子弹爆炸成功到第一颗氢弹爆炸成功，各国所用的时间分别是：美国用了7年5个月，苏联为4年，英国花5年6个月，法国历经8年6个月，而中国仅为2年8个月。1967年6月18日法新社感叹：“中国人民爆炸热核炸弹所取得的惊人成就,再次使全世界专家感到吃惊。惊奇的是中国人取得这个成就的惊人速度。中国在核方面的成就,使世界震惊不已。"

图 1　当年科研人员居住的是沙漠　　　　图 2　当年使用的"高级计算
　　　　戈壁上的干打垒　　　　　　　　　　　　器",手摇计算机

这一事实充分说明中国科技人员的智慧和创新能力不比外国同行差,外国人能做到的事情,只要有需要,中国人也能做到,甚至可以做得更好。

伟大的事业产生伟大的精神,而伟大的精神反过来支撑着伟大的事业。

二、全国一盘棋,大力协同

核武器研制属于大科学工程,不仅涉及门类众多的高新技术,而且有赖于各工业部门的大力支持,因此必须依靠多方协作,其中包括在可能条件下的国际合作。在核武器研制的初期,我国曾努力争取,也确实得到了前苏联十分有限的帮助。但事实证明,这种外援是靠不住的。

1959 年苏方撕毁协定。1960 年 7 月,苏方撤走了全部专家,并带走了图纸和资料。有的专家说:"这是对你们的毁灭性打击","再过两年,你们只好卖废铜烂铁了","从此你们将处于技术真空状态,估计 20 年后你们也搞不出来原子弹"。

现实使中国人明白,想依靠外援来铸造强大核盾牌的可能已不复存在。党中央决定完全依靠自己的力量研制核武器。这一决定立即得到了核工业建设和核武器研制人员坚定的支持和拥护,但是就当时我国的技术经济基础而言,要自己动手,从头开始,进行核武器研制这样高度复杂、高度综合性的大科学工程,仅仅依靠核工业系统所属人员的创造性和积极性是远远不够的,还必须有其他兄弟部门在人员、技术以及新材料、电子元器件、仪器设备等多方面的支持和帮助。为此，1962年毛泽东主席在一个文件上批示："要大力协同，做好这件工作。"其后，为加强对核工业生产、建设和核武器研究、试验工作的领导，组织各有关方面搞好大力协同，中央决定成立以周恩来总理为首的中央专门委员会。在中央专门委员会领导下，动用了中国科学院、各有关工业部门以及大专院校的科研力量，很快就形成全国的科技攻关协作网。

在中央专门委员会的统一领导下，原子弹的研制工作得到了全国26个部委、20多个省区市、1000多家科研院所、高等学校、工矿企业的通力协作，许多科学和技术的难关迅速被攻克，有力地保证了首次原子弹试验如期实施。例如，核武器中使用的高能炸药就是与中国科学院兰州化学所、五机部西安三所合作研究成功的，特殊的电子元器件是依靠电子工业部所属研究所研制的，大型电子计算机是中国科学院系统研制的。首次原子弹试验所需1000多台（套）的测试设备和仪器都是与中国科学院、高等学校和有关工厂合作研制生产的，核试验时97％的测试仪器运作正常，获得了准确的数据，为试验成功做出了重大贡献。

这里特别要提一下中国科学院对突破两弹的贡献。他们组织了有关研究所承担了一大批科研任务，大大增强了关键技术的攻关力量。原子能研究所还为核武器事业培养和输送了许多杰出的科技专家和骨干，尤其是在我国成功爆炸第一颗原子弹之后不久，把先期在该所从事氢弹探索和技术准备的一个研究队伍整体地转移到核武器研究所，在统一的指挥下，迅速展开规模更大的氢弹攻坚战，大大地推进和加速了氢弹研制的步伐。

正如毛泽东主席指出的："要下决心搞尖端技术，赫鲁晓夫不给我们尖端技术，极好；如果给了，这个账是很难还的。"

两弹科技突破的实践表明，在党的统一领导下，全国一盘棋、大力协同、集智攻关，充分发挥社会主义制度能集中力量办大事的优越性，是迅速发展我国高新技术的必由之路。

三、以先进的哲学思想为指导，促进科技快速发展

还在突破氢弹初期，周恩来总理就指示我们要学习毛泽东主席的"实践论"和"矛盾论"，以辩证唯物主义思想指导研制工作。周总理的批示把科学家们已经掌握的科学思维和已习惯运用的工作方法，提高到一个新的哲学高度，形成了更自觉地运用辩证唯物主义哲学思想指导科研工作的热潮。

氢弹是一个非常复杂的系统。美国从第一颗原子弹爆炸成功到掌握氢弹的

基本原理花费了七年时间。我们要掌握它的内在物理规律应当从何下手呢？当时还是青年的黄祖洽、于敏和周光召在老科学家的指导下，分头进行了探索。他们依据"矛盾论"的思想，先从分析内因入手，即先搞清形成热核爆炸的机理和热核材料的作用。为此，他们把氢弹整个燃烧过程分解成许多特点各不相同而又相互关联、相互依存、此消彼长的若干个阶段，搞清楚每一个阶段的主要矛盾、次要矛盾，矛盾的主要方面、次要方面，以及这些矛盾如何发展，它们之间如何转化。通过反复深入细致的研究，初步掌握点燃热核反应并使材料充分燃烧的温度、密度条件和相关的一些规律。在搞清内因的基础上，再研究外因，即如何利用原子弹产生的能量提供实现热核爆炸所需的外部条件。经过这样由表及里、由浅入深的周密分析，只用了不长的时间，就理清了氢弹爆炸的大致过程以及其中各阶段的主要矛盾，从而明确了技术攻关的重点。这就为迅速掌握氢弹的基本原理奠定了基础。

大家知道，主要由于经济条件的限制，在五个核国家中，我国进行的核试验次数是最少的（英国虽试验的次数也很少，但它与美国有技术合作）。只通过少量的核试验而要设计出先进的核武器，这不仅要求科技人员有较高的学术水平和强烈的创新意识，而且还要求他们掌握并善于使用辩证的分析方法，善于抓主要矛盾。为什么中国科学家能以很少的核试验次数，把核武器的设计技术提到较高的水平？主要是依靠一套有中国特色的科学研究指导思想和科技创新方略：①根据军事需求，抓住主要矛盾，确定合适的奋斗目标；②科学地进行技术分解，选择正确的技术路线；③对于每一次核试验，我们在战略上要求有较大跨度的技术进步；在战术上则力争使所采取的技术路线和措施有较大的可信度，以保证试验有尽量高的成功率。

我们在制定核试验规划时，总是力求围绕核武器技术发展中的主要矛盾，用最少的核试验次数达到一个明确的阶段目标，同时又对这一目标进行细致的技术分解，落实到各次试验中去解决，做到一步一个脚印，通过几次试验我们对核武器物理规律的认识上一个台阶。正是对于每一次核试验，我们在战略上要求有较大跨度的技术进步，在战术上则力争使所采取的技术路线和措施有较大的可信度，以保证试验有尽量高的成功率；正是抓住主要矛盾，选准合适的目标和正确的技术路线，才使我们能以很少的核试验，把核武器技术提升到较高的水平。

理论与实践（试验）的紧密结合是中国突破两弹的又一重要特色。理论设计、冷试验（爆轰试验）和热试验（核试验）是核武器研制中三个紧密相关的环节。只有将三者很好地结合起来，才能逐步深入掌握核武器的内在规律。由于我国核试验次数少，要求做到"一次试验，多方收效"，理论与实践的紧密结合就显得更为重要。事实上，理论与实验紧密结合已成为我国核武器科技工作者的优良传统。每一次核试验前，理论工作者详尽地计算数据，提出实验要求，实验工作者周密地制订测试方案。双方不断交流，不断切磋，共同确定测试项目和量程，共同分析实验结果。正是理论与实验的这种结合，加速了我国核武器技术的发展。

中国突破两弹科技的经验表明，科技人员自觉地学习和运用辩证唯物主义的哲学思想来指导科学研究，对推进科研工作实现大跨度的技术进步，尽量少走弯路，起着非常重要的作用。

四、发扬学术民主，组织集体攻关

发扬学术民主，充分发挥科研群体所有成员的智慧和积极性，创造一个鼓励创新的学术环境，是两弹突破取得成功的又一宝贵经验。

在突破两弹初期，无论是从各方面调来的科技专家，还是刚从学校毕业的青年人，谁都没有搞过原子弹。无论学问大小、资历深浅，在新的任务面前大家都很陌生。当时处于学术领导地位的专家们，都虚怀若谷、不耻下问。因此从一开始，在科研群体中就比较自然地形成了一种能畅所欲言、平等讨论、教学相长、十分有利于鼓励创新的学术气氛。这种气氛一直沿袭到今天。

记得在突破原子弹的原理时，我们仅有的资料只是苏联专家向核工业部领导讲解原定应提供给我国的原子弹教学模型时记录下来的一些数据。为了熟悉和掌握设计技术，邓稼先带领一批刚毕业的大学生，对这一模型进行了复算。由于计算方法和公式都得靠自己从头摸索，复算过程中，发生了计算结果与苏联专家的介绍不符的情况，专家们和青年人经常围在一起讨论出现差异的原因，首先当然还是怀疑我们在计算中有什么环节出了毛病。物理学家、力学家、数学家从各自熟悉的专业角度对结果进行审议，提出不同的分析和质疑。青年人则尽量详细地解释自己计算结果的正确性和合理性。辩论经常进行得很激烈，有时甚至争得面红耳赤，每个人的智慧和创造性都被高度激发出来。这种讨论有时要持续好几天。最后在提出一些改进条件之后，决定再进行新一轮的计算。这样的过程一直要进行到所有的差异都得到解决或做出合理的解释为止。

我国氢弹技术突破的过程，也是发扬学术民主，激励群体智慧和创新精神的生动典范。当时任核工业部副部长的刘西尧同志明确提出，应在更大范围内发扬学术民主，开展氢弹突破途径（当时叫做牵"牛鼻子"）的讨论。为此，举行了许多次学术讨论会。专家们经常结合典型的计算结果,给大家作详尽的分析报告。报告厅里常常被听众挤得水泄不通。人们不断讨论,不断改进,夜以继日地在计算机上进行计算,从堆积如山的纸带中寻找规律。群体的智慧,激发了专家们的灵感,再加上专家清晰的物理观念,透彻的分析能力,严密的推理本领,使这些概念得到了升华。终于在这一场热火朝天的群体攻坚战中,于敏同志率领的几十个人的小分队,在上海率先牵到了氢弹的"牛鼻子",形成了一套基本完整的物理方案,迈出了攻克氢弹原理的重要一步。经理论部的反复讨论验算,集思广益,方案更趋于完善。其后,又在设计、实验、生产、试验基地等各方面通力合作下,以最快的速度完成了氢弹的核试验。

浓厚的学术民主氛围,不仅促进了专家和年青人对原子弹物理规律的深入掌握,而且对培养年青人的科学素质有重要作用。首先,是坚定了依靠自己的力量可以搞出原子弹的自信心。其次,专家们精湛的分析能力,巧妙的粗估方法,深厚的学识功底,谦逊的求知学风也为年青人提供了生动的学习榜样。

发扬学术民主,归根到底就是为了充分发挥群体的智慧、积极性和创新能力。1984 年,我国核武器理论设计荣获国家自然科学奖一等奖,大家公推彭桓武院士应该名列第一。当大家把奖章和奖牌交由他保存时,彭桓武院士坚决不收,提议放在研究所里,让所有为这项事业贡献过力量的人们共享。他随手写了一副对联:"集体、集体、集集体,日新、日新、日日新"(图 3)。这是突破两弹的真实写照,也是突破两弹的宝贵经验。

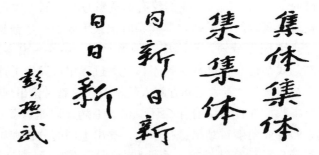

图 3 彭桓武院士所撰对联的手迹

五、以任务为纲,加强学科建设和人才培养

在两弹科技突破刚开始时,人员从各方面调来,由于工作经历不同,大家对如何处理研制任务和学科建设的关系,众说纷纭,莫衷一是。有的人强调按

工厂那一套干，有的人主张按科学院或大学那一套干。在干部培养上，有人主张先学习后干，有人主张干起来再说。党委及时做出了决议，提出"以任务为纲，任务带学科"，"边干边学，出成果，出人才"的方针，统一了大家思想。

以朱光亚、邓稼先为首的技术业务领导，在执行这一方针中发挥了出色的作用。他们很快把任务总体做了分解，按大的学科安排了主攻方向。以理论设计为例，环绕原子弹的物理过程，分解出炸药爆轰、内爆物理、中子输运、状态方程、计算方法等几个方面，分头组织人力攻坚。同时在广泛调研的基础上努力掌握相关学科发展前沿，结合当时的实际，鼓励创造性地解决问题。对遇到的问题，不仅要求知其然，而且要尽量知其所以然。经过两年多的努力，中国自行设计的原子弹理论方案终于形成了，与此同时，在理论设计部门的学科建设上也有了很大进展。爆轰物理、冲击波物理，高压状态方程、中子输运理论、计算方法、偏微分方程等学科都有了一批丰硕的成果，有的填补了国内的空白，有的则站到国内的领先地位。

在氢弹研制的过程中，为了将氢弹中各种复杂的物理过程逼真地模拟出来，在促进辐射输运、辐射流体动力学、热核反应动力学等学科发展的同时，还大大推动了我国计算机、计算数学、计算物理等学科的发展。事实上，当时我国自行研制的速度最快、科学计算性能最好的计算机，其第一个用户都是核武器研究所。

核武器的研制和试验还推动了有关实验科学技术和工程技术的发展，如核辐射的精密测量技术、光电子和微电子技术、雷达和引信技术、特种材料科学和工艺、核试验工程技术以及反应堆、加速器、激光器等方面的技术的发展。

两弹突破的经验表明，只要指导思想正确，妥善处理好任务攻关与基础研究的关系，在像核武器研制这样的大科学工程中，任务攻关的实践完全可以带动相关学科的发展，从而不仅提高了研制工作的科学技术水平，还能为相关科学技术领域的持续发展、跟踪世界发展的前沿提供必要的技术储备。

正确处理任务攻关和学科发展的关系，也是培养高水平科技人才的前提条件。正是在突破和发展两弹的过程中，造就了一批批优秀的科技人才。据初步统计，曾经直接为核武器事业作出贡献的两院院士就有40来位，其中不少是随着核武器事业的发展而成长起来的。一大批科技人员成为有突出贡献的中青年专家、国家级和省部级的先进工作者和劳动模范、五一劳动奖章获得者以及国家和社会各种奖励的获得者。这一方面是国家和社会对从事核武器研制人员的鼓励，同时也是出成果、出人才的客观反映。

在党中央的正确领导下，中国的科技人员、干部、工人、解放军指战员经过不懈的努力铸造了两弹的辉煌。邓小平同志指出:"如果六十年代以来中国没有原子弹、氢弹,没有发射卫星,中国就不能叫有重要影响的大国,就没有现在这样的国际地位。这些东西反映一个民族的能力,也是一个民族、一个国家兴旺发达的标志。"

从发展我国科学技术的角度来总结两弹突破的经验,归结起来就是科学技术工作要服务于国家发展(包括经济发展、社会进步和国家安全等方面)的需要,要符合科学技术发展自身的规律。尽管时代已经进入 21 世纪,我国科学技术发展的内外环境和条件已经发生了巨大的变化,两弹突破的成功经验必须也应当适应这些变化,有新的发展。但是我们认为,总的说来上述这些经验对 21 世纪我国高新科技的发展,特别是创新性研究的发展,仍然有一定的启示作用。

微电子漫谈

叶甜春

1986 年毕业于复旦大学电子工程系。现任中国科学院微电子研究所所长、中国物联网研究发展中心（筹）主任，同时兼任中国科学院 EDA 中心理事长、中国半导体行业协会副理事长、中国科学院大学微电子学院院长等。主要从事半导体器件与集成电路制造、纳米加工、宇航抗辐照器件与电路、物联网等技术研究工作。

2009 年起担任国家科技重大专项"极大规模集成电路制造装备及成套工艺（02 专项）"总体专家组组长和专职技术责任人。

作为课题负责人和核心骨干完成了国家"七五"至"十五"攻关、攀登计划、"863"、"973"、国家科技重大专项、国家自然科学基金、中科院知识创新工程等十几项科研课题的研究任务。在深亚微米及纳米加工技术、超高频化合物半导体器件研究、新型器件等方面取得多项科研成果。

先后发表论文（含合作论文）200 多篇，取得专利数十项（含合作专利）。先后获得国家科技进步奖二等奖 3 项、国防科技进步奖二等奖 1 项、北京市科技奖一等奖 4 项、中国科学院杰出科技成就奖 1 项、中国科学院科技进步奖二等奖 2 项。同时还荣获中国科学院青年科学家奖、科技部"十一五"国家科技计划组织管理贡献奖等。

韩郑生

　　长期从事集成电路工艺技术、电路设计及科研生产管理工作，曾任车间主任、高级工程师、硅器件与集成技术研究室主任。现任中国科学院微电子研究所副总工程师、学术委员会主任、学位委员会副主席、二级研究员、博士生导师、硅器件与集成技术研发中心总设计师。国家特殊津贴获得者。

　　IEEE 会员，北京电力电子学会理事，中国科学院特殊环境功能材料与器件重点实验室学术委员会委员，北京大学教育部微电子器件与电路重点实验室学术委员会委员，《半导体学报》、《计算机科学技术学报》、《西安交通大学学报》、《中国科技大学学报》、《浙江大学学报》、《功能材料与器件学报》、*Chinese Physics Letters*、*Chinese Physics B*、《中国科学 F 辑：信息科学》、《北京工业大学学报》、《国防科技大学学报》、《原子能科学技术》、《上海交通大学学报》学术刊物审稿人。

　　获国家技术发明二等奖 1 项，国防科学技术进步二等奖 1 项，北京市科学技术一等奖 1 项。出版专著《抗辐射集成电路概论》，译著《半导体制造技术》、《芯片制造——半导体工艺制程实用教程》（第 5、第 6 版）、《功率半导体器件基础》，参加《中国材料工程大典》第 11 卷第 3 章第 3 节的编写。发表学术论文 100 余篇。培养研究生 30 余名。

一、前言

工业化时代不可或缺的基础产品是钢铁，而信息时代不可或缺的基础产品就是芯片。芯片的"学名"叫集成电路，制造集成电路的技术叫微电子技术，之所以称为"微"电子，是因为芯片内部的结构尺寸已经进入微观世界，达到微米至纳米量级。

在人类历史上，新技术的涌现和重大的发明、发现推动社会文明的不断进步，人类社会从最初的石器时代，发展到青铜时代、铁器时代、钢铁时代、电气时代，直至当今的信息时代。集成电路是信息时代最重要的基础，是国家安全设施的核心，是现代工业中知识产权的有效载体。随着信息技术、网络技术的飞速发展和广泛应用，以及国家信息化建设的逐步深入，集成电路产业已经成为事关一个国家国民经济、国防建设、人民生活和信息安全的基础性、战略性产业，而微电子技术则是世界最高端的复杂设计与精密制造技术。

回顾集成电路 50 年的发展进程，集成电路是技术和市场共同驱动的产业，是目前世界上发展最快、最具影响力的产业之一，全球微电子技术的研发工作一直没有停滞，按照"摩尔定律"，至 2012 年时已经达到 22 纳米，未来还有 14 纳米、10 纳米和 7 纳米 3 个可能的工艺节点。随着微电子技术水平的不断进步，集成电路的应用范围也在不断扩大，继计算机、移动通信、互联网之后，物联网、三网融合（公众电信网、电视网、广播网）、智能电网、云计算、大数据等新的应用也是技术和市场发展的重要驱动。

二、历史

1904 年 11 月，英国科学家约翰·弗莱明（J. A. Fleming）发明了用于无线电信中检波器的二极真空管。弗莱明将发明的二极真空管取名 Bulb，或称 Valve。

1906 年 10 月，美国科学家德·弗雷斯特（L. de. Forest）发明了放大电子信号的三极真空管。它发展了由弗莱明和托玛斯·爱迪生早期在真空管方面的工作。三极管由三个部件构成，在一个抽空气体的玻璃容器中分别封入两个电极和一个栅极。为了使部件不被烧毁同时还要电子能在电极间传输，必须采用真空。德·弗雷斯特申请了专利并将他的真空管发明命名为音频管，直到 20 世纪 50 年代，真空管都是现代收音机、电视机和整个电子学领域的主要电子器件。

1946 年 2 月 14 日，世界上第一台电子计算机 ENIAC 在美国宾夕法尼亚大学诞生。这部机器使用了 18 800 个真空管，长 50 英尺，宽 30 英尺，占地 1500 平方英尺，重达 30 吨。它的计算速度为每秒 5000 次的加法运算。机器被安装在一排 2.75 米高的金属柜里，占地面积为 170 平方米左右。它的耗电量超过 174 千瓦，电子管平均每隔 7 分钟就要被烧坏一只。ENIAC 标志着电子计算机的创世，人类社会从此大步迈进了计算机时代的门槛。

1947 年 12 月，美国贝尔（Bell）实验室的肖克莱（William Shockley）、巴丁（John Bardeen）和布莱顿（Walter Brattain）等发明了晶体三极管，图 1 是巴丁、布莱顿和肖克莱，图 2 是第一个半导体晶体三极管。晶体管比真空管具有显著的优越性能，因此晶体管促进并带来了"固态革命"，进而推动了全球范围内的半导体电子产业。作为主要器件，它首先在通信工具方面得到广泛应用，并产生了巨大的经济效益。由于晶体管彻底改变了电子线路的结构，集成电路及大规模集成电路应运而生。这三位科学家以他们的发明被授予 1956 年物理学诺贝尔奖。这一发现也导致了以固体材料和技术为基础的现代半导体产业的兴起。

 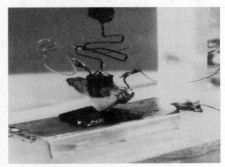

图 1　巴丁、布莱顿和肖克莱　　　　图 2　第一个半导体晶体三极管

1958 年，美国德州仪器（TI）公司的杰克·基尔比（Jack S. Kilby）发明了集成电路方法。1959 年 2 月 6 日，杰克·基尔比向美国专利局申报专利，这种由半导体元件构成的微型固体组合件，被命名为"集成电路"（IC）。基尔比由此获得 2000 年诺贝尔物理学奖，图 3 是杰克·基尔比，图 4 是第一个集成电路。美国仙童（Farichild）公司的诺依斯（Robert Noyce）和他的研发团队则解决了大规模集成电路生产的关键技术问题，即平面工艺技术。

图 3　杰克·基尔比

图 4　第一个集成电路

1965 年 4 月美国英特尔（Intel）公司的摩尔（Gordon Moore）博士发表论文 Cramming more components onto integrated circuits，预言集成电路上能被集成的晶体管数目，将会以每 12 个月翻一番的速度稳定增长，并在今后数十年内保持着这种势头。这一预言在 1975 年被修正为预计每 18 个月翻一番。摩尔的这个预言，因集成电路芯片后来的发展得以证实，并在较长时期保持着有效性，被人誉为"摩尔定律"。摩尔定律一直指导着微电子产业的发展。

集成电路发展过程中，曾按每个芯片上集成的器件数来划分，如表 1 所示。后来大概是表示规模的形容词都用完了，就不再按此法划分下去了。但是每个芯片上集成的器件数并没有停止增加。

表 1　半导体的电路集成

电路集成	半导体产业周期	每个芯片器件数/个
没有集成（分离元件）	1960 年之前	1
小规模集成电路（SSI）	20 世纪 60 年代前期	2 至 50
中规模集成电路（MSI）	20 世纪 60 年代到 70 年代前期	20 至 5 000
大规模集成电路（LSI）	20 世纪 70 年代前期到 70 年代后期	5 000 至 100 000
超大规模集成电路（VLSI）	20 世纪 70 年代后期到 80 年代后期	100 000 至 1 000 000
甚大规模集成电路（ULSI）	20 世纪 70 年代后期到现在	大于 1 000 000

集成电路晶圆直径也经历了由小到大的过程，表 2 是按公制计所发生的变化。图 5 所示是按英制计晶圆尺寸变化情况，图中 1.5'、2'、3'、4'、5'、6'、8'、12' 表示晶圆直径分别是 1.5 英寸、2 英寸、3 英寸、4 英寸、5 英寸、6 英寸、8 英寸、12 英寸，其实二者有一一对应关系，只是不同人习惯的叫法不同。例如，4 英寸对应 100 毫米。

表2 集成电路晶圆直径发展与年份的关系 （单位：毫米）

1965 年	1975 年	1981 年	1987 年	1992 年	2000 年
50	100	125	150	200	300

图 5 集成电路晶圆尺寸的变化

三、微电子学

微电子学是在量子力学、固体物理、半导体物理、电子器件、电路、电子线路等学科的基础上发展起来的。

（一）pn 结

pn 结可以制成 pn 结二极管，是构造半导体器件、集成电路的基石，所以了解现代微电子学必须从 pn 结的性质开始。

两种半导体单晶，一块是 n 型，一块是 p 型。在 n 型半导体中，电子很多而空穴很少；在 p 型半导体中，空穴很多而电子很少。但是，在 n 型半导体中的电离施主与少量空穴的正电荷严格平衡电子电荷；而 p 型中的电离受主与少量电子的负电荷严格平衡空穴电荷。因此单独的 n 型和 p 型半导体是电中性的。当 p 型和 n 型半导体形成 pn 结时，它们之间存在着载流子浓度梯度，导致空穴从 p 区到 n 区，电子从 n 区到 p 区的扩散运动，如图 6 所示。对于 p 区，空穴离开后，留下了不可动的带负电的电离受主。对于 n 区，电子离开后，留下了不可动的带正电的电离施主。在 pn 结附近的这些电离施主和电离受主所带电荷称为空间电荷。它们所存在的区域称为空间电荷区，从能带论角度看又称为势垒区。空间电荷区中的这些电荷产生了从 n 区指向 p 区的电场，称为内建电场，电场方向如图 7 所示。在内建电场作用下，载流子作漂移运动。电子和空穴的漂移运动方向与它们各自的扩散运动方向相反。在无外加电压的情况下，载流子的扩散和漂移最终达到动态平衡。在这种热平衡状态下，流过 pn 结的净电流为零。

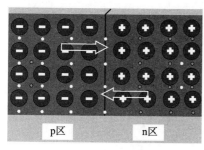
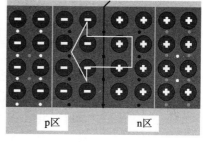

图 6　pn 结附近载流子扩散　　　　图 7　pn 结空间电荷区及电场

1. pn 结整流特性

pn 结具有单向导电性，流过 pn 的电流密度与所加偏压的关系如下：

$$J = J_s \exp\left(\frac{qV}{k_0 T}\right) \tag{1}$$

式中，$J_s = \dfrac{qD_n n_{p0}}{L_n} + \dfrac{qD_p p_{n0}}{L_p}$ 是反向电流密度，q 是电子电量，D_n 和 D_p 分别是电子和空穴扩散系数，L_n 和 L_p 分别是电子和空穴的扩散长度，n_{p0} 是 p 型中的电子浓度，p_{n0} 是 n 区中空穴浓度，k_0 是玻尔兹曼常数，T 是绝对温度，V 是施加在 pn 结上的电压。在正向偏压下，正向电流密度随着正向偏压呈指数关系迅速增大，而反向电流密度很小。其特性曲线如图 8 所示。pn 结的这种单向导电性又称为整流特性。

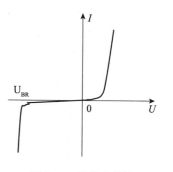

图 8　pn 结伏安特性

2. pn 结电容

pn 结具有势垒电容和扩散电容两种。

1）势垒电容

当 pn 结加正向偏压时，势垒区的电场随正向偏压的增加而减弱，势垒区变窄,空间电荷区数量减少。因为空间电荷区是由不能移动的杂质离子组成的,所以空间电荷区的减小是由于 n 区的电子和 p 区的空穴过来中和了势垒区中一部分电离施主和受主。即,在外加正向偏压时,将有一部分电子和空穴"存入"势垒区。反之,当正向偏压减小时,势垒区的电场增强,势垒区宽度增加,空间电荷数量增多,这就是有一部分电子和空穴从势垒区中"取出"。这种导致势垒区的空间电荷数量随外加电压变化的效应称为势垒电容,如图 9 所示。

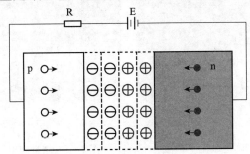

图 9　pn 结势垒电容

2) 扩散电容

正向偏压时,有空穴从 p 区注入 n 区,在势垒区与 n 区边界 n 区一侧一个扩散长度内,形成了非平衡空穴和电子积累,同样在 p 区也有非平衡电子和空穴的积累。当正向偏压增加时,由 p 区注入到 n 区的空穴增加,注入的空穴一部分扩散走了,一部分则增加了 n 区的空穴积累,增加了浓度梯度,与它保持电中性的电子也相应增加。同样,p 区扩散区内积累的非平衡电子和与它保持电中性的空穴也要增大。这种由于扩散区的电荷数量随外加电压变化所产生的效应称为扩散电容,如图 10 所示。

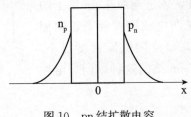

图 10　pn 结扩散电容

3. pn 结击穿特性

对 pn 结施加反向偏压增大到某一数值 U_{BR} 时,反向电流密度突然开始增大的现象称为 pn 结击穿,其特性曲线如图 8 所示。发生击穿时的反向偏压称为 pn

结的击穿电压。pn 结击穿有雪崩击穿、隧道击穿和热电击穿三种。

1）雪崩击穿

在反向偏压下，流过 pn 结的反向电流，主要是 p 区扩散到势垒区中的电子电流和由 n 区扩散到势垒区中的空穴电流所组成。当反向偏压很大时，势垒中的电场很强，在势垒区内的电子和空穴由于受到强电场的漂移作用，具有很大的动能，它们与势垒区内的晶格原子发生碰撞时，能把价键上的电子碰撞出来，成为导电电子，同时产生一个空穴。在强电场作用下，它们会继续发生碰撞，使载流子大量增加，这种繁殖载流子的方式称为载流子倍增效应。由于倍增效应，使 pn 结反向电流迅速增大，发生的 pn 结击穿称为雪崩击穿。

2）隧道击穿（齐纳击穿）

在强电场作用下，由隧道效应，使大量电子从价带穿过禁带而进入导带所引起的一种击穿现象，称为隧道击穿。因为由齐纳（Zener）首先提出来解释这种现象，又称为齐纳击穿。

3）热电击穿

当 pn 结上施加反向电压时，流过 pn 结的反向电流要引起热损耗。反向电压逐渐增大时，对应于一定的反向电流所损耗的功率也增大，这将产生大量热量。如果没有良好的散热条件使这些热能及时传递出去，则会引起结温上升。随着结温上升，反向饱和电流密度也迅速上升，产生的热能也迅速增大，进而又导致结温上升。如此反复循环下去，最后使反向饱和电流无限增大而发生击穿。这种热不稳定性引起的击穿称为热电击穿。

（二）金属和半导体接触

金属和半导体接触主要有肖特基（Schottky）接触和欧姆（Ohm）接触两种。

1. 肖特基接触

利用金属-半导体整流接触特性制成的二极管称为肖特基势垒二极管，它和 pn 结二极管具有类似的电流-电压关系，即单向导电性。但是二者又有显著的差异。

肖特基势垒二极管的正向电流，主要是由半导体中的多数载流子进入金属形成。它是多数载流子器件。肖特基势垒二极管比 pn 结二极管具有更好的高频特性。

对于相同势垒高度，肖特基势垒二极管比 pn 结二极管的反向饱和电流大得多。

2. 欧姆接触

金属和半导体还可以形成非整流接触,即欧姆接触。它不产生明显的附加阻抗,而且不会使半导体内部的平衡载流子浓度发生显著的改变。

(三)半导体表面和金属-绝缘体-半导体(MIS)结构

许多半导体器件的特性都和半导体的表面性质有着密切的关系。例如,半导体的表面状态对晶体管和半导体集成电路的参数和稳定性有很大影响。

1. 表面态

在半导体表面晶格的不完整性使势场的周期性受到破坏时,在禁带中产生附加能级,达姆(Tamm)在1932年首先提出:晶体自由表面的存在使其周期场在表面处发生中断,同样也引起附加能级。这种能级被称为达姆表面能级。

以硅晶体为例,因晶格的表面处突然终止,在表面的最外层的每个硅原子将有一个未配对的电子,即有一个未饱和键,这个键称为悬挂键,与之对应的电子能态就是表面态。

2. 金属-绝缘体-半导体结构

所谓金属-绝缘体-半导体结构如图11所示,这种结构实际就是一个电容,当在金属和半导体之间施加电压后,在金属与半导体相对的两个面上就要充放电。两者所带电荷符号相反,电荷分布情况也不同。在金属中,自由电子密度很高,电荷基本分布在一个原子层的厚度内;而半导体中,由于自由载流子密度要低得多,电荷必须分布在一定厚度的表面层内,这个带电的表面层称为空间电荷区。表面势及空间电荷区内电荷的分布情况随着金属与半导体间所加的电压而变化,基本上可以归纳为多数载流子堆积、耗尽和反型三种情况。

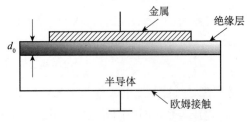

图11 金属-绝缘体-半导体结构

注:d_0是指绝缘层的厚度

（四）电子器件

在微电子几十年的发展过程中，有过许多器件结构，其中应用最为广泛是双极型晶体管（Bipolar Transistor）和金属-氧化物-半导体（MOS）场效应晶体管（FET）。

1. 双极型晶体管

双极晶体管又有 NPN 型和 PNP 型两大类。实际集成电路中的 NPN 晶体管是四层三结结构，等效结构如图 12 所示。其中 PNP 晶体管是寄生晶体管，它并不是在所有的情况下都起作用。在实际集成电路中，衬底始终接最负电位，以保证各隔离岛之间的电绝缘，所以寄生 PNP 晶体管的集电结（NPN 晶体管的 C-S 衬底结）总是反偏。当 NPN 晶体管工作于饱和区或反向工作区时，其 BC 结都处于正向偏置，即此时寄生 PNP 晶体管的发射结处于正向偏置，因而 PNP 晶体管处于正向工作状态，于是有电流流过 C-S 结，这将严重影响集成电路的正常工作。

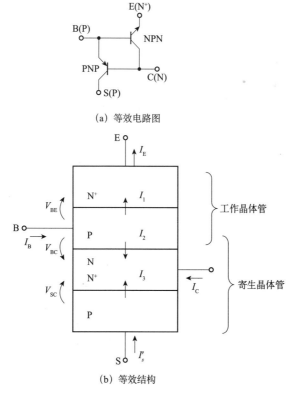

（a）等效电路图

（b）等效结构

图12　双极集成电路中 NPN 晶体管的等效电路及结构

在模拟集成电路中，NPN 晶体管一般处于截止区或正向工作区，所以寄生 PNP 晶体管的发射结（NPN 晶体管的集电结）是反偏状态，即

$$V_{BC-NPN} = V_{BE-PNP} < 0$$

因而寄生 PNP 晶体管截止。而在数字集成电路中，NPN 晶体管经常处于饱和区或反向工作状态，此时就有

$$V_{BC-NPN} = V_{BE-PNP} > 0$$

即寄生 PNP 晶体管处于正向工作区。所以对数字集成电路来说，减小寄生 PNP 晶体管的影响就显得特别重要。

可以用埃伯斯-莫尔（EM）模型来分析四层结构晶体管的电流电压关系。

根据基尔霍夫（Kirchhoff）定律，从图 12 可以得出端电流和结电流、结电压的关系：

$$
\begin{bmatrix} I_E \\ I_B \\ I_C \\ I'_S \end{bmatrix} =
\begin{bmatrix} 1 & 0 & 0 \\ 1 & 1 & 0 \\ 0 & -1 & -1 \\ 0 & 0 & 1 \end{bmatrix}
\begin{bmatrix} I_1 \\ I_2 \\ I_3 \end{bmatrix}
$$

$$
=
\begin{bmatrix} 1 & -\alpha_R & 0 \\ 1-\alpha_F & 1-\alpha_R & -\alpha_{SR} \\ \alpha_F & -(1-\alpha_{SF}) & -(1-\alpha_{SR}) \\ 0 & -\alpha_{SF} & 1 \end{bmatrix}
\begin{bmatrix} I_{ES}(e^{V_{BE}/V_t}-1) \\ I_{CS}(e^{V_{BC}/V_t}-1) \\ I_{SS}(e^{V_{SC}/V_t}-1) \end{bmatrix}
\tag{2}
$$

其中，α_F，α_R 分别是 NPN 晶体管正、反向运用时的共基极短路电流增益；α_{SF}，α_{SR} 分别是 PNP 正、反向运用时的共基极短路电流增益；$V_t = \dfrac{kT}{q}$ 为等效热电压。

式（2）是四层结构晶体管的 EM 模型的数学表达式，或者叫四层三结晶体管的非线性直流模型。

如果令 $I_3 = 0$ 或 $I_{SS} = 0$，就可得出三层二结结构的 NPN 晶体管的 EM 方程

$$
\begin{bmatrix} I_E \\ I_B \\ I_C \end{bmatrix} =
\begin{bmatrix} 1 & -\alpha_R \\ 1-\alpha_F & 1-\alpha_R \\ \alpha_F & -1 \end{bmatrix}
\begin{bmatrix} I_F \\ I_R \end{bmatrix}
\tag{3}
$$

式中

$$I_F = I_{ES}(e^{V_{BE}/V_t}-1), \quad I_R = I_{CS}(e^{V_{BC}/V_t}-1)。$$

2. MOS 场效应晶体管及 CMOS

MOS 场效应晶体管又分为 N 沟 MOS 场效应晶体管和 P 沟 MOS 场效应晶体管，如图 13 所示。对于正向工作时，有如下方程组表示 N 沟 MOSFET 的电流特性

$$I_{DS} = \begin{cases} 0 & V_{GS} - V_{TE} \leqslant 0 & 截止区 \\ k_E (V_{GS} - V_{TE})^2 & 0 < V_{GS} - V_{TE} \leqslant 0 & 饱和区 \\ k_E \left[2(V_{GS} - V_{TE})V_{DS} - V_{DS}^2 \right] & V_{DS} < V_{GS} - V_{TE} & 非饱和区 \end{cases} \quad (4)$$

式中，I_{DS} 为源漏电流，V_{DS} 为源漏电压，V_{GS} 为栅电压，V_{TE} 为阈值电压，k_E 是导电因子，其值为

$$k_E = \frac{\mu_n C_{Ox} W}{2L}$$

其中，μ_n 为电子的沟道迁移率，C_{Ox} 单位面积的栅氧电容，W 为 NMOSFET 的沟道宽度，L 为 N 沟 MOSFET 的沟道长度。

由 N 沟 MOS 场效应晶体管和 P 沟 MOS 场效应晶体管组成的电路结构被称为互补金属-氧化物-半导体（Complementary Metal Oxide Semiconductor）结构。

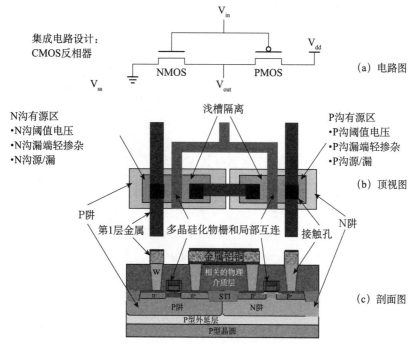

图 13　双阱 CMOS 反相器集成电路

(五)集成电路

目前集成电路的主流工艺是 CMOS 集成电路制造工艺,它具有静态功耗低、电源电压范围宽、输出电压幅度无阈值损失等特点。

在 CMOS 电路中,P 沟 MOS 晶体管作为负载器件,N 沟 MOS 晶体管作为驱动器件,这就要求在同一个衬底上制造 PMOS 晶体管和 NMOS 晶体管,所以必须把一种 MOS 晶体管做在衬底上,而另一种 MOS 晶体管做在比衬底浓度高的阱中。根据阱的导电类型,CMOS 集成电路又可分为 P 阱 CMOS、N 阱 CMOS 和双阱 CMOS 电路。图 14 所示为一个 1 层多晶硅 4 层金属双阱 CMOS 集成电路剖面图。大致可分为衬底支撑部分、器件部分和金属互连部分。

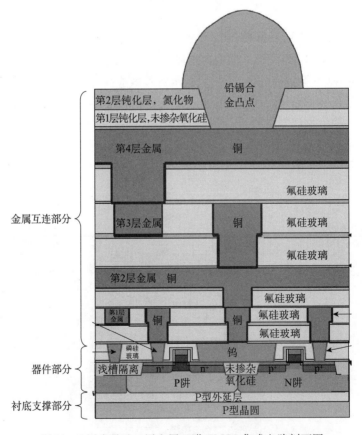

图 14 1 层多晶硅 4 层金属双阱 CMOS 集成电路剖面图

四、微电子技术

制造电子器件的基础半导体材料是圆形硅单晶薄片，称为晶圆（Wafer）。在晶圆制造厂生产的晶圆上的半导体产品，称为芯片（Chip、Die），如图 15 所示。

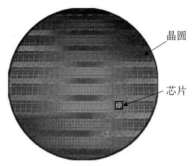

图 15　半导体集成电路晶圆及芯片

早期的晶圆制造厂是简单的，在整个操作中都是操作者手工处理硅片。晶圆制造厂的基本要求随着芯片集成度的提高而提高，对沾污的控制要求非常严格。沾污来自许多方面：人体、材料、水、空气及设备。现代晶圆制造厂已经变成具有专门设施的工厂，它提供净化制造环境和专用设备以生产具有最小沾污的芯片。这包括限制人体裸露、超纯化学材料和容器及在甚大规模集成电路时代制造集成电路需要的专用硅片传送工具。

在晶圆制造厂，晶圆一般需要两到三个月工艺流程，完成 450 个或更多工艺步骤。在制造工艺末端，单个芯片将被从整个硅片上分开，然后准备包封成最终产品。

集成电路芯片制造涉及 5 个大的制造阶段：

（1）晶圆制备：包括晶体生长、滚圆、切片及抛光。

（2）晶圆制造：包括清洗、薄膜、图形化、刻蚀及掺杂。

（3）硅片测试/分检：包括探测、测试及分检在晶圆上的每一个芯片。

（4）装配与封装：包括沿着划片线将硅片切割成芯片，粘片、压焊和包封。

（5）终测：确保集成电路通过电学和环境测试。

这 5 个阶段是独立的，在半导体公司内具备大型基础设施并且有提供专用化学材料和设备的工业支撑网。仅在独立阶段运营的公司，必须满足业界标准以确保最终微芯片满足性能目标。

1. 晶圆制备

在第一阶段,将硅从沙中提炼和纯化。经过拉制单晶硅工艺产生适当直径的硅锭如图 16、图 17 所示。然后将硅锭切割成用于制造微芯片的薄晶圆如图 18 所示。按照专用的参数规范制备晶圆,如定位边尺寸要求和沾污水平。

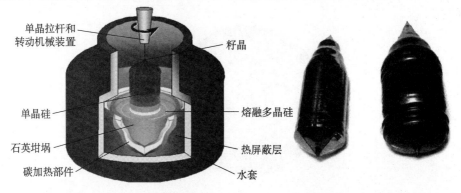

单晶拉杆和转动机械装置　籽晶　单晶硅　熔融多晶硅　石英坩埚　热屏蔽层　碳加热部件　水套

图 16　拉制单晶硅　　图 17　直径 300 毫米和 400 毫米单晶硅锭

单晶硅

将硅锭划成晶圆片

图 18　硅锭切割成晶圆

自从 20 世纪 80 年代,制造微芯片的大部分公司从专门的晶体生长和晶圆制备的供应商那里购买晶圆。工业界也生产锗或化合物半导体材料的圆片,这些是为特殊应用的。而大部分半导体圆片是硅材料制成。

晶圆制备流程如下:

(1) 单晶生长。

(2) 单晶硅锭。

(3) 单晶去头和径向研磨。

(4) 定位边研磨。

(5) 晶圆切割。

(6) 倒角。

(7) 粘片。

(8) 晶圆腐蚀。

(9) 晶圆抛光。

(10) 晶圆检查。

2. 晶圆制造

第二阶段被称为晶圆制造。裸露的晶圆到达晶圆制造厂，然后它们经过各种清洗、薄膜、光刻、刻蚀和掺杂步骤，如图 19 所示。加工完的芯片具有永久刻蚀在硅片上的一整套集成电路，如图 20 所示。晶圆制造又被称为芯片制造。

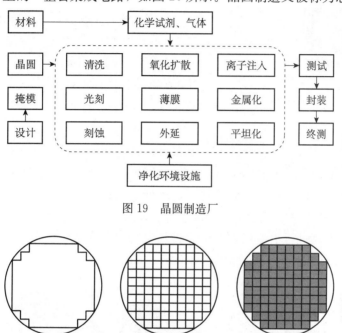

图 19　晶圆制造厂

图 20　晶圆上产生光刻和刻蚀图形

一些芯片供应商制造的芯片是为在公开的市场上销售，如为客户生产存储器芯片的芯片制造商。而另一些芯片制造商制造芯片是为用在公司自己的产品上。例如，芯片制造商既制造计算机又制造为他们的计算机配套的芯片。还有一些芯片制造商既制造为自己用的芯片也在公开市场销售。

有一类公司是无芯片制造厂公司（Fabless Company）。这种公司为特殊的市场设计芯片，而在另一类芯片制造代工厂（Foundry）生产这些芯片。Foundry 仅为其他公司生产芯片。自从 20 世纪 80 年代，这类 Foundry 已经很常见了，现在全部芯片的约 10% 是在 Foundry 制作。Fabless Company 和 Foundry 增加的一个主要原因是建设和维护一个芯片制造厂的高额成本。目前，一个高性能集成电路制造厂的费用大约是 15 亿到 30 亿美元，总费用的约 75% 是用于设备。

集成电路的制造涉及许多复杂的工艺步骤的交互，使用自动化设备在一个甚大规模集成电路上生产几亿个器件。因为伴随着制造高性能集成电路的复杂性,半导体产业总是处于设备设计和制造技术的前沿。这种创新激励了晶圆制造的不断改善。

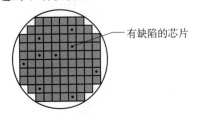

有缺陷的芯片

图 21 标出有缺陷的芯片

3. 芯片的测试/分检

在芯片制造完成后,芯片被送到测试/分检区,在那里进行单个芯片的探测和电学测试。为今后分检出合格和不合格的芯片,将有缺陷的芯片作标记,如图 21 所示。将通过测试合格的芯片继续进行以后的工艺步骤。

4. 装配与封装

硅片测试分检后,硅片进入装配和封装以便把单个芯片包装在一个保护管壳内。硅片的背面进行研磨以减少衬底的厚度。一片厚的塑料膜被贴在每一个硅片的背面,然后,在正面沿着划片线用带金刚石尖的锯刃将每一个晶圆上的芯片分开。粘的塑料膜保持硅芯片不脱落,如图 22 所示。在装配厂将好的芯片粘贴在管座上、进行引线压焊。然后将其密封在塑料或陶瓷壳内。最终实际封装形式随芯片的类型及它的应用场合而定,如图 23 所示。

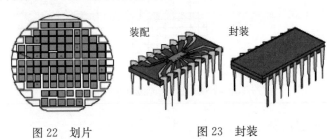

装配   封装

图 22 划片   图 23 封装

5. 终测

为确保芯片的功能,要对每一个被封装的集成电路进行测试以满足制造商的电学和环境的特性参数要求。终测后,芯片被发送给客户以便装配到专用场合。例如,将存储器电路安装在个人电脑的印制电路板上。

五、未来

很少有哪个行业像半导体集成电路这样,在初期就有人为其指明发展方向,即著名的摩尔定律。全球的技术精英们对新材料、新器件结构、新加工技术不断地探索、开发，持续推进集成电路的特征尺寸按比例缩小、集成度提高、性能增强。图 24 所示为 MOSFET 按比例缩小扫描电镜（SEM）的剖面图。

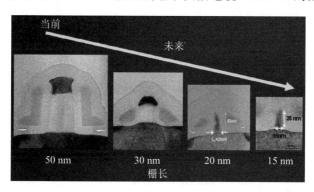

图 24　按比例缩小的 MOS 器件

国际半导体技术蓝图（International Technology Roadmap For Semiconductors）为将来微电子发展提出了三个方向，如图 25 所示。一是继续沿着摩尔定律前进，即 More Moore，一直到未知的 Beyond CMOS。二是多样化，如模拟电路、射频电路、III-V 族化合物功率器件、传感器、生物芯片等，即 More

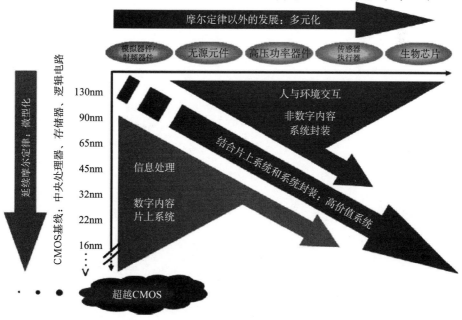

图 25　国际半导体技术蓝图

than Moore。三是追求更高价值的数字控制的片上系统（SoC）和非数字的系统封装（SiP）结合。

回顾微电子的发展历程，在极其强大的 CMOS 工艺技术平台上，全球科研院所的科学家、工业界的企业家、技术人员仍在一如既往的不断探索。我们可以期望微电子的未来一定会更加辉煌。

参 考 文 献

[1] 刘恩科，朱秉生，罗晋生，等.2011. 半导体物理学. 第 7 版. 北京：电子工业出版社

[2] Quirk M，Serda J. 2012. 半导体制造技术. 韩郑生，等译，北京：电子工业出版社

[3] 甘良才.2006. 现代通信的发展动态. 武汉：武汉大学电子信息学院

航天飞机与泰坦尼克遇难中的材料问题 *

李依依

冶金与金属材料科学家，中国科学院院士，发展中国家科学院院士，曾任中国科学院金属研究所所长。现任中国科协荣誉委员、辽宁省科协名誉主席及中国金属学会常委荣委、国际低温材料学会委员，国际材料科学与工程模拟杂志编委，中国科学院金属研究所学术委员会主任与该所学位委员会主席。

早年从事金属中氢分析、高温合金的长期时效研究等工作。在低温钢研究中，做出 Fe-Mn-Al 系相图与相鉴定方法，发现高锰奥氏体钢在低温下存在反铁磁转变，以及 Fe-Mn 合金中 ε 马氏体形核长大遵循层错重叠及极轴机制。1982 年以来，连续主持和参与五个五年计划国家科技攻关课题，完成六种强度级别的抗氢钢及合金系列。发展了 Fe-Ni-Cr、Fe-Mn-Al、TiAl、TiNi 等十余种合金，为我国低温、高压、抗氢脆合金的研究做出了开创性贡献。近年来她致力于发展可视化铸锻技术，突破了我国装备制造业中大型关键铸锻件生产的瓶颈，为三峡水轮机转轮及 CRH5、动车 CRH3 高铁转向架国产化、核电用大型容器、蒸发器用精密管材高质量生产做出了重大贡献，并培养了 60 名研究生和一批科技领军人才，出版专著 4 部，发表论文 300 余篇。

---

* 根据李依依院士在 2004 年科协年会上做的大会特邀报告"哥伦比亚空难与材料"整理与补充。

材料在人类社会的发展中至关重要，它同生物、能源、信息技术共同构成了当今新技术革命的四大支柱。材料的正确应用给人类和社会带来福利；同时，材料也可因为使用不当或因其质量问题而导致损失与灾难。泰坦尼克号，在世界航海史上曾被骄傲地称为"永不沉没的巨轮"，被欧美新闻界誉为"海上城市"。它在进行处女航时，同一座巨大的冰山发生了碰撞，之后船裂成两半沉入大西洋。这场海难的一个重要原因在于建造"泰坦尼克"号所使用的钢板材料质量低劣。

在美国的航天史上发生过三起巨大灾难。第一起是 1967 年 1 月 27 日，阿波罗号飞船模拟天上行走，试验中突然有一个电路短路，产生电火花，引燃了舱内易燃材料，三名宇航员遇难。第二起是 1986 年 1 月 28 日，挑战者号航天飞机升空时爆炸，包括一名女教师在内的宇航员全部遇难，爆炸是由于一个密封圈的老化，造成燃料氢的泄露而引起的。第三起是 2003 年 2 月 1 日，哥伦比亚号航天飞机在完成 16 天的太空研究任务后，在返回大气层时突然发生解体，机上 7 名宇航员全部遇难。哥伦比亚号是航天飞机第一次在即将着陆时发生灾难。哥伦比亚号航天飞机的爆炸，震惊了世人，同时也引起了人们对材料的关注，材料分析是揭开哥伦比亚号空难的关键。

一、航天飞机与泰坦尼克遇难中的材料问题

1. 哥伦比亚号航天飞机残骸材料的冶金分析

哥伦比亚号航天飞机于 1981 年 4 月 12 日首次发射升空，是美国资格最老的航天飞机。哥伦比亚号机舱长 18 米，舱内能装运 36 吨重的货物，外形像一架大型三角翼飞机，机尾装有三个主发动机和一个巨大的推进剂外贮箱，里面装有几百吨重的液氧、液氢燃料，它附在机身腹部，供给航天飞机燃料进入太空轨道；外贮箱两边各有一枚巨型固体燃料助推火箭。整个组合装置重约 2000 吨。

2003 年 2 月 1 日，哥伦比亚号灾难发生后，为了查清原因，首先由美国宇航局（NASA）支持组成了调查组，调查组由材料和工艺的工程师和科学家组成。目的是对从得克萨斯州和路易斯安那州收集来的 8.4 万片大约占整个飞机 38％ 的残骸重新组装（图 1），提供实际数据进行分析、通过分析和再现的模拟试验来证实这次事故产生的原因。调查组根据以下的结果判断：①残骸的清洗和评估、热分析以寻找航天飞机爆炸的起源；②对各种材料的冶金分析，如 Inconel、Al 合金、不锈钢、C/C 复合材料的 X-射线和断口分析；③机翼上的传感

器和录音机的记录。在检查残骸时发现连接上下翼展面板的钢紧固件表现出沿晶断裂的脆性断口，如图 2 所示。图 3 为中间体面板舱内上端的弹坑小半球冲蚀花样，表明该处发生很高的局部过热和大量的沉积物。机翼前缘三个部分重点研究了子系统面板隔热瓦、碳/碳复合材料（RCC）面板和机翼构件。这个区域主要分析左机翼前的 8 号和 9 号面板附近沉积物成分和观察 X 射线显示的花样。分析结果指出，高温离子流是从 RCC 面板内侧缝隙穿过上下面板进入时，如图 4 所示。

图 1 哥伦比亚号航天飞机残骸的重组

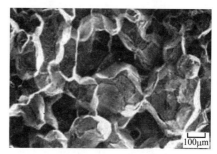

图 2 显微镜观察的面板紧固件断口

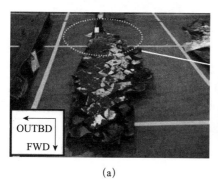

(a)

(b)

图 3 面板舱内上端的弹坑小半球冲蚀花样

用 SEM/EDS 光电子能谱分析指出沉积物的化学成分是 Fe、Al、Ni、Nb 和 C。这些成分虽然不能明确确定是什么合金，但是它们与 2000 系铝合金、Inconel601、Inconel718 及面板与绝缘体有关。图 5 为左机翼 8 号 RCC 面板上部沉积物横截面的电子探针分析的金相图及示意图。隔热瓦上陶瓷的内表面上也发现该类沉积物，而其他部位完好，说明沉积物是从隔热瓦的内侧导入的。调查组经过 X 射线鉴定矿渣为高温转变的多铝红柱石，其形成温度为 1100℃。X 射线得到 RCC 面板试样上发现有 Inconel718 合金、铝合金等，这是由于左机翼

航天飞机与泰坦尼克遇难中的材料问题

RCC 的 8 号面板横梁及翼展支撑材料是 Inconel718 合金,桅杆是 A286 合金。

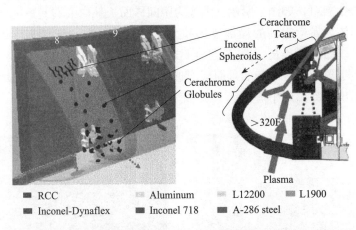

图 4　左机翼 RCC 面板的 8 号和 9 号面板上部沉积物分析

(a) 金相图

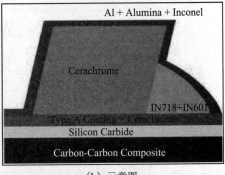

(b) 示意图

图 5　左机翼 8 号 RCC 面板上部沉积物横截面的电子探针分析的金相图及示意图

　　哥伦比亚号航天飞机残骸材料分析的结果和肉眼判断及飞行录音机记录的异常解释是一致的。左机翼隔热瓦受损是哥伦比亚号航天飞机解体的主要原因。航天飞机共有两万多块隔热瓦,这种隔热瓦像鱼鳞一样一圈圈地围绕着机身。如果隔热瓦松动、损坏或丢失,将改变航天飞机的空气动力学结构,进入大气层中由于摩擦产生高温会引起铝合金机身变形,从而导致更大面积的隔热瓦脱落,使航天飞机的温度超过承受极限而导致破裂和爆炸。调查组收集到的分析数据指出:一个很大的热事件发生在靠近左机翼前缘的 8 号和 9 号面板之间,融熔渣沉积指出这里温度超过 1649℃,能够冲蚀和吃掉金属支撑结构、隔热瓦和 RCC 面板材料。因此,材料分析结果认为:哥伦比亚号航天飞机在升空时从外储存的燃料箱左侧双脚架处，掉下的一块隔热泡沫砸到左翼碳/碳复合材料面板下半部附近，造成裂缝。在再入过程中高温热离子流穿过此处，使机翼铝合金、Fe 基合金、Ni 基合金结构熔化，导致航天飞机失控、机翼破坏和机体解体。在美国得克萨斯州的一个实验室所进行的一次模拟实验中，一个航天飞机机翼的复制品被泡沫隔热材料高速撞击后，留下一道裂缝。这一实验结果为哥伦比亚号航天飞机失事提供了最强有力的新证据。

2. 泰坦尼克号船体钢材料分析

1911 年，在爱尔兰 Harland & Wolff 船厂建成了重 4.6 万吨、可与美国核动力航母尼米兹号相比拟的泰坦尼克号豪华邮轮。船内各种新颖设备与豪华装潢直比皇宫，船身结构坚固，防水周密，水密舱之多，号称"上帝都沉不了它"。

1912 年 4 月 15 日凌晨，它载着 2207 名旅客和船员作处女航时，与一座巨大的冰山发生了碰撞，仅仅为时 10 秒钟，便造成 1513 名旅客遇难的悲剧。这场海难的一个重要原因在于建造泰坦尼克号所用的钢板材料质量低劣。冶金分析出的原因是钢中 S 含量过高，Mn/S 比值过低，造成 MnS 沿钢板轧制的纵向呈带状组织分布，如图 6 所示，图中黑色区域为铁素体，深黑色椭圆形结构为 MnS 颗粒，它沿带状方向伸长；其次，是由于钢板使用温度比允许温度低了 30～50℃，是造成船板断裂的第二个原因。图 7 为现代船体用钢 A36 和泰坦尼克号船体钢纵、横向试样夏比冲击功与温度的关系。可以看出，在较高的温度下，泰坦尼克号船体钢纵向试样的冲击性能明显优于横向，而低温时纵向和横向试样的冲击性能基本相同。A36 钢的冲击性能最好。如果将冲击功为 20 焦时

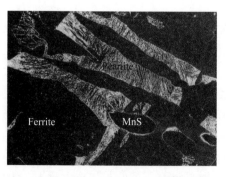

图 6　泰坦尼克号船体钢腐蚀
表面的扫描电子图像

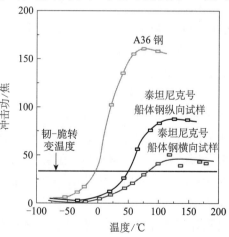

图 7　A36 钢和泰坦尼克号船体钢纵、
横向试样夏比冲击功与温度的关系

的温度定义为韧-脆转变温度,那么,A36 钢为 27℃,泰坦尼克号钢纵向为 32℃、横向为 56℃。这表明泰坦尼克号船体钢不适合在韧-脆转变温度以下的低温使用,而碰撞时海水的温度为零下 2℃。

冶金分析泰坦尼克沉船的原因就在于船体钢的质量差,100 年前的船体钢,带状组织严重,晶粒粗大而成分不均匀。当船撞到冰山时,温度在韧-脆转变温度以下很易裂,当然也有设计师盲目乐观,甚至连救生船只准备 800 艘,只能容纳全部乘客的一半,也是很主要的原因。材料一定要在规定的条件下使用,违反规律就会产生灾难。

二、材料制备工艺的重要性

1. 可视化铸造技术

材料制备工艺不仅是传统材料提升性能的重要措施,也是新材料转化为商品的关键,况且它本身也已成为一门重要的现代科学。正在迅速发展的无余量加工、激光及粒子束加工及未来的智能加工系统都将极大地促进新材料的应用及制造业的发展。为加速新材料由研究到应用的进程,必须强调使用行为导向的合成、加工过程的研究。美国人已认识到由于历来只重视新材料性能的研究,忽视合成、加工等生产技术的研究,它在许多制造业部门落后于日本及欧洲,失去了一个又一个的市场优势。在材料科学与工程中,除了理论和实践外,计算机模拟已经成为处理实际问题的第三种有效的手段和方法。大型或精密的、高附加值的设备和机器制造中运用材料制备工艺的计算机模拟技术,设计出优化的浇注系统,提高产品质量,在稳定生产工艺,提高成品的性能、价格比中起着极其重要的作用。

可视化铸造技术包括三部分:首先采用计算机模拟软件模拟铸件充型和凝固过程;其次用三维 X 射线实时观察和监测浇注过程;再次通过实践与模拟、观测的对比,确定浇注系统的设计与改进;最后按工件形成软件包。中国科学院金属研究所(IMR)与英国伯明翰大学(IRC)合作采用可视化铸造技术已在沈阳铁路局叉心轨、中国第一重型机械集团公司 50 吨铸钢支承辊等铸件的生产中得到成功应用,产生了明显的经济效益和社会效益。IRC-IMR 铸钢支承辊工艺设计与计算机模拟,采用了平稳充型随流式浇注系统及计算机模拟技术,为工厂提供了全套工艺图纸,解决了 20 来年没有解决的难题,国产化成功(图8)。50 吨重的大型铸钢支承辊首次浇注成功,突破了大型铸钢支承辊制约行业发展的瓶颈产品，填补了此类铸钢辊生产的国内空白，不但在国际上可以与美、英、德等国家媲美，也是计算机模拟技术指导大型铸件生产的一个范例。

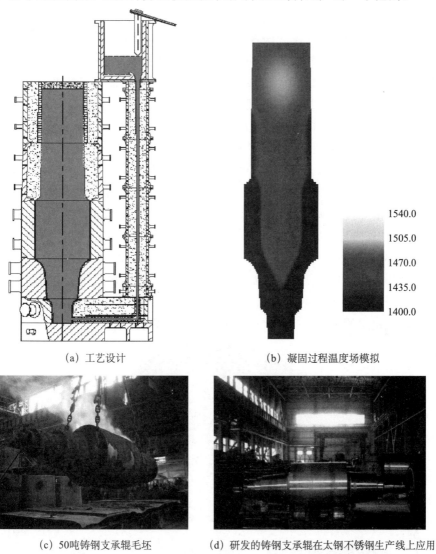

（a）工艺设计　　　　　　　（b）凝固过程温度场模拟

（c）50吨铸钢支承辊毛坯　　（d）研发的铸钢支承辊在太钢不锈钢生产线上应用

图8　IRC-IMR铸钢支承辊工艺设计、模拟、生产与应用

2. 三峡水轮机转轮铸件

三峡700兆瓦水轮机转轮由上冠、下环和13～15片叶片组焊而成，重450吨，材料为马氏体不锈钢0Cr13Ni4Mo，是目前世界上最大的水轮机转轮。这样

大的铸件在制备工艺的每一步骤都必须认真了解为什么要这样做,否则,一个环节失误就会造成近百吨铸件报废,不仅浪费资源,而且延误工期。ASTM 规定的成分线较宽,认为钢中 δ 铁素体含量要保持 3% 有利焊接,研究 Ni/Cr 当量比以后,建议控制为 0.42,δ 铁素体为 0,统计 14 个生产厂不同成分后,证明完全正确,据此提出了建议的控制成分。国内在原 ASTM 标准中的性能规定中很宽,没有控制成分,国务院三峡建设委员会办公室(简称三峡办)最初标准又单方面追求高强度,导致钢的塑性、韧性不足,易出现裂纹。三峡水轮机转轮的叶片曲面复杂、厚薄不均、扭曲严重,在热加工过程中容易变形。

中国科学院金属研究所计算了叶片在铸造、打箱、热处理过程中的变形趋势,并结合计算机模拟与实际生产的型线实测结果,设定叶片的反变形量和反变形区域。研究后提出了 0Cr13Ni4Mo 钢转轮铸件稳定生产的三个关键技术:消除铸件中的 δ 铁素体组织;热处理工艺制度:回火马氏体+10%~18% 的逆变奥氏体;叶片反变形设计与近终形制造,提出的性能指标及相关的热处理制度为三峡办接受(图 9)。中国科学院金属研究所牵头起草的《技术规范》被三峡总公司作为向家坝、溪洛渡等后续水轮机组的全球采购规范,并成为国内重型企业生产水电产品的技术规范。2020 年前我国将投产的单机容量 700~800 兆瓦的混流式机组约 150 台,其水轮机转轮都采用该标准。

(a) 三峡水轮机转轮

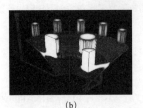

(b)

(c) 叶片的反变形设计

图 9　三峡水轮机转轮铸件工艺设计与模拟

三、材料展望

从世界材料的发展趋势看，数种通用关键材料可以广泛应用于许多领域。我国应该尽早建立起具有自主知识产权的关键材料体系，对航空、航天与核动力领域中广泛采用的通用关键材料，如各种钢及铁镍基合金、铝合金及钛合金等进行挖潜改进和改型，应该加强其制备工艺的研究。特别是在信息社会，要运用材料制备过程的计算机模拟，达到省时、省力、保证质量和降低成本的目的。同时，提升通用关键材料的品质，克服使用中出现的不稳定状态，并要注意材料研制环境友好的全寿命评估工作。实践证明装备使用单位和研制单位从设计开始就全程联合攻关，进行材料和设备的健康检查和评估是保证工程进度和质量的重要措施。

我国材料的发展大都跟着引进的设备转，材料发展品种多而杂乱。建议新材料当前要以有限目标为主，按需求建立起我国的新材料及其制备工艺体系。材料发展必须满足环境友好、节约资源、高质量、低成本、符合国际规范等基本条件。应该从我国实际出发、从我国工业、农业、国防、社会需求出发，以面向市场和应用为主，因为不能使用的新材料就是无用的材料。强调材料研制和生产的自制设备、仪器相结合。强调材料制备工艺的可行性，达到合理的成本及生产工艺的稳定。

四、结语

从冰海沉船、挑战者号爆炸，到哥伦比亚号航天飞机的失事等事件的分析中看出，材料的稳定性至关重要。加强材料制备工艺的研究是保证材料性能稳定的重要因素。可视化铸造技术是改善环境、节能减排、提质增效和稳定生产质量的重要措施。

三峡电站蒸发冷却水轮发电机

顾国彪

　　1936 年生于上海，1958 年毕业于清华大学电机系，1997 年当选中国工程院院士。1958 年到中科院电工所工作，现任电力装备新技术实验室及所学位评定委员会主任。坚持五十六年，自主创新电气装备常温（60℃左右）蒸发冷却技术的基础研究及产业化，实现了水轮发电机常温无泵自循环冷却；开展气液两相传热传质和环保介质应用研究，将电气工程、热物理、电化学等融合，拓展了新学科方向。与东方电机公司等合作单位共同研制成功 10 兆瓦（1983 年）、50 兆瓦（1992 年）及 400 兆瓦（1999 年）大型水轮发电机，安全运行至今；1996～2012 年与长江三峡集团公司、东方电机公司联合研制两台当时世界最大 840 兆伏安蒸发冷却水轮发电机，并通过科技部的项目课题验收和两大学会的技术鉴定。与北京电力设备总厂研制 1.2 兆瓦汽轮发电机（1975 年），与原上海电机厂合作研制 50 兆瓦汽轮发电机（1992 年）并经过运行考验 11 年。蒸发冷却技术被国际大电网会议（CIGRE 2000，法国）评为旋转电机领域的四项新进展之一。成功将蒸发冷却技术应用到高功效超级计算机、电磁设备和特殊专用电机等其他领域。获全国科学大会奖（1978 年），国家科技进步奖二等奖三次（1998 年、2002 年和 2014 年），中科院科技进步奖一等奖两次，2002 年四部委联合授予个人突出贡献奖，2005 年何梁何利科技进步奖和 2009 年中国机械工程学会成就奖等。组织中国首届国际电机会议（1987 年），创办的中日韩国际电机及系统会议（ICEMS）现已发展成为具有较大国际影响力的国际会议。

新华网宜昌12月22日电，记者22日从中国长江电力股份有限公司获悉，我国首台巨型蒸发冷却发电机组日前在长江三峡水利枢纽顺利完成72小时试运行。

据介绍，这台编号为28号的机组位于三峡地下电站，是目前三峡工程国产化程度最高的机组，也是我国首台、世界单机容量最大的巨型蒸发冷却机组，由东方电机厂制造，采用我国具有完全自主知识产权的"定子绕组常温自循环蒸发冷却"技术（作者注：该技术由中国科学院电工研究所研制）。此前，三峡机组为水冷和空冷。

三峡地下电站工作人员说，这台机组于今年9月进入总装施工，11月首次开机和充水调试，之后进行了并网试验。机组72小时试运行期间，施工方、厂家通力协作，工作人员进行了监屏及趋势分析，掌握了机组试运行期间的各种参数和指标。一系列试验表明，28号机组各项指标和参数达到既定要求。（作者注：图1所示即为2011年12月22日三峡电厂技术人员正在记录该机组的相关数据。）

图1　三峡电厂技术人员在记录28号机组数据

据悉，28号机组顺利通过72小时试运行后，将择日移交并网发电，投产后将成为三峡地下电站第4台机组投产机组。届时，三峡电站70万千瓦机组数量将达到30台，总装机容量将达到2110万千瓦（含左右岸电站26台70万千瓦机组，地下电站4台70万千瓦机组以及两台电源电站机）。（作者注：图2所示为该厂技术人员为试运行后的28号机组做检查，并为并网发电做准备；图3显示了三峡转子的吊装实况。）

三峡电站蒸发冷却水轮发电机

图 2　三峡电厂技术人员正在对试运行后的 28 号机组做检查为并网发电做准备

图 3　三峡发电机转子吊装实况（第二台蒸发冷却发电机）

一、为什么要研究蒸发冷却技术

　　制造百万千瓦级的巨型水轮发电机，必须要把发电机绕组内通过大电流时引起的电阻损耗以及各种附加损耗产生的大量热量有效地散发出去。因为不同的电机绝缘，每升高温度 10 度（B 级绝缘），或 12 度（F 级绝缘），或 14 度

（H级绝缘），其寿命就要缩短一半。因此，有效的冷却技术才能保证发电机的绝缘不会被烧坏，安全地发电。

电机绕组还会因为长期的负荷调节而温度变化，多次反复地热胀冷缩，会使铜导体与外包的绝缘分层脱壳，承受电机的高电压时，就产生内部电晕放电而导致烧坏；还会使绝缘与槽铁心相对运动造成磨损。大电机线棒长，起停频繁运行的机组更为严重，会引发重大故障，甚至毁坏电机。本文将讨论空冷技术的缺陷及发展了水内冷后又出现的问题，然后介绍蒸发冷却的优势和潜力。

三峡电站有左岸 14 台，右岸 12 台及地下厂房 6 台，共 32 台发电机组，水库额定水头为 175 米，水轮机是 75 转/分，水轮发电机每台容量为 70 万千瓦（700 兆瓦），国外某著名公司设计的发电机定子铁芯高 3.13 米，内径 18.5 米，外径 19.31 米，510 个铁芯槽，共置放 1020 根定子线棒，组成的定子绕组，其总损耗为 3070 千瓦，也就是每槽有 6 千瓦以上电损耗的发热量。怎样有效地将其散发出去，保障发电机可靠运行？

图 4 所示为水轮发电机和水轮机全图，自上往下为：上盖板（它与电站厂房在同一平面），发电机（剖面图中间是转子，两边是定子，槽内放定子绕组），下面是推力轴承，它要承受约六千吨重（约转子三千吨及水推力三千吨），再往下是导水叶及控制臂，下部是水轮机及水涡壳，水库中的水流经阀门进压力钢管引入水涡壳，再由导水叶调节控制水量，进入水轮机转动，带动发电机将水能转换为电能。

图 4　水轮发电机及水轮机全图

图 5 所示为大型水轮发电机结构示意图,它由定子机座、铁心、定子绕组和重量 3000 多吨的转子机架,以及励磁线圈、轴承等组成。

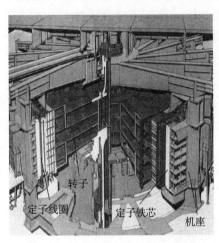

图 5　大型水轮发电机结构示意图

常温无泵自循环蒸发冷却(简称为蒸发冷却),这一概念是基于热功转换原理的科学构思,也遵循一些自然现象而引发的。

自然现象及生活中有不少蒸发冷却和自循环现象:人体发汗随风吹拂蒸发而凉快;天公下雨,这是地面及海中的水份吸收阳光的热量蒸发成水蒸气而上升,在高空遇到冷气就凝结成水而下雨,我们的环境凉爽了,这是在重力作用下,因为水与水蒸气密度不同而形成的自循环蒸发冷却;烟囱冒烟,烟气上升也是因为它在炉子内受热而密度减小,低于烟囱外面的冷空气就形成了自循环动力而浮升高空。再联想到蒸汽机怎么做功而运动物体?蒸汽涡轮机为何能推动发电机发电?这些例子说明液体吸热蒸发不仅可以进行冷却,而且还可以做功;我们研发大电机因为大电流发热而要冷却导体时,能否利用吸收的热量使之转化为动力,形成一个液体泵而实现自循环呢?图 6 展示了一个三峡发电机定子的一个局部实物照,可以看到在发电机定子铁心槽中置放了发电的绕组线棒(两根线棒相位大约差 180 度的组成一个线圈)。为了使 1020 根线棒(每根约五米长载流五千安培左右)能有效而可靠地冷却,自主创新研发了"常温无泵自循环蒸发冷却"。

图 6　三峡 800 兆瓦量级蒸发冷却发电机定子

二、蒸发冷却技术研发过程

1949 年，荷兰工程师 T. D. Koning 提出了水蒸发冷却发电机，英国在喷气式飞机上用作备用发电机。

1958～1967 年，国内三峡工程开始预研，1958 年中科院筹建电工研究所。为了三峡电站的特大型发电机，与美国同步研究冰箱式的低温制冷蒸发冷却电机。该所的电机研究组由当年 10 月初到年末，研制了一台 15 千瓦定转子蒸发冷却发电机。然后与中国水利水电科学研究院合作研制 80 千瓦发电机，并于 1959 年 10 月，在玉渊潭电站试验，当时用的是氟利昂类的 R12 制冷剂。随后，继续做 R12、R22 制冷循环冷却试验。1959 年中，自主创新探索常温（60 摄氏度左右）蒸发冷却，年末实现了三峡水轮发电机的常温无泵自循环蒸发冷却模型试验。因为这一年初，中科院电工研究所与上海电机厂计划研究制造 12 000 千瓦发电机，而在准备研究报告、进行效益分析时，发现制冷式低温蒸发冷却要有冷冻机，就有制冷损失，还增加了制冷系统，于是常温蒸发冷却的概念被提出了。把压缩制冷机改用液体泵，介质的循环损失就减少了。进行立式水轮发电机定子绕组常温蒸发内冷试验时，证实可以去掉循环液泵。由此常温无泵自循环蒸发冷却技术诞生了。随后，微小型管道内两相流的设计理论研究也就开展起来。

  1960～1967 年，电工所蒸发冷却研究团队进行了兆瓦级原理样机研制，并且开展了设计理论及设计方法的研究。

  1972～1992 年，"十年动乱"后研究团队恢复工作。1976 年，申请贷款（国内首个用贷款做科研的项目）开始研制 10 兆瓦（1 万千瓦）工业试验水轮发电机，在东方电机厂、云南电力厅和电力部科技司支持合作下研制成功图 7 所示的蒸发冷却 10 兆瓦水轮发电机，应用于云南大寨水电站，1983 年到 1984 年，两台发电机投入工业运行，发电机已成功运行至今。1987 年"七五国家中试项目"立项，基于该项目研制了如图 8 所示的 50 兆瓦水轮发电机，应用在陕西安康火石岩水电站，该发电机也一直成功运行至今。

图 7 装在云南大寨水电厂的 10 兆瓦（一万千瓦）蒸发冷却水轮发电机

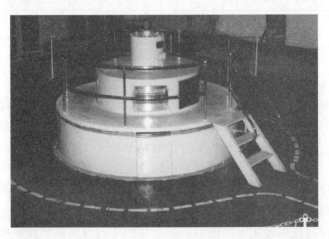

图 8 装在陕西安康火石岩水电站的 50 兆瓦（五万千瓦）蒸发冷却水轮发电机

1996～2006 年，是科学技术发展的春天。在科教兴国方针的指导下，1996 年国家重点工业中试项目立项，研制 400 兆瓦（40 万千瓦）李家峡蒸发冷却水轮发电机。1999 年末，"400 兆瓦蒸发冷却水轮发电机"研制运行成功，这是一项大型电力设备的重大突破（当时全国仅有六个中试项，这是唯一成功的项目）。图 9 所示即为装在青海李家峡水电站的 400 兆瓦蒸发冷却水轮发电机。该项目在法国召开的国际大电网会议（CIGRE 2000）上被评为旋转电机四项新进展之一。2004 年末，作为中科院自主创新案例之一，蒸发冷却技术研发团队学术带头人顾国彪院士向党中央领导汇报创新工程成果项目。

图 9 装在青海李家峡水电站的 400 兆瓦（四十万千瓦）蒸发冷却水轮发电机

2006 年，三峡决定采用蒸发冷却水轮发电机机组，联合申报"十一五国家科技支撑计划"项目成功立项，与东方电机有限公司合作研制两台 800 兆瓦量级的水轮发电机。经过几年的研发制造，终于在 2011 年 12 月 25 日及 2012 年 5 月 23 日分别投入运行，并超发 756 兆瓦，成为世界最大容量的水轮发电机。

风雨兼程，坚韧跋涉；火石磨砺，破茧而出。从 1960 年到 1999 年，在将近半个世纪历程中，0.65 兆瓦、10 兆瓦、50 兆瓦、400 兆瓦水轮发电机先后研制成功。其后 14 年，一路坎坷，一路斩棘，终于研发成功了 840 兆伏安（75.6 万千瓦）世界最大的水轮发电机，开启了蒸发冷却技术的崭新篇章。现正在予研 100 万千瓦水轮发电机。

三、大型水轮发电机散热的冷却方式

随着发电机容量的增大，功率密度（单位重的发电功率）也提增，发热及热流密度也随之增加,所以要求散热的能力与之相适应。冷却技术与冷却方法在不断发展,冷却的介质也由气体(空气、氢气)向液体(绝缘油及纯净水)发展。同时,冷却方式由导体绝缘外部的外冷方式向导体(空心导体)内部通冷却介质的直接内冷方式发展。氢气、绝缘油仅在汽轮发电机中有应用,其中以净化的去离子水"比热C最大",即依靠水温度升高ΔT而吸收热量Q的效果最好,$Q=C《\Delta T》$。(注:这里的C表示冷却介质的比热,水的体积比热约高于空气的40倍,ΔT表示冷却介质的温升。)因此净化的去离子水在大电机中应用较广。

电机的冷却结构还有密闭型与开启型之分,冷却方式常是两或三种技术组合而成,此处不作细述。

大型水轮发电机定子和转子的冷却介质主要是空气与纯净去离子水,或组合的混合型,本文限于篇幅,主要介绍定子的冷却,因为现在转子一般采用空气冷,仅在通风道上作各种改进。

1. 冷却介质的二次再冷却

电机内的一次冷却介质因吸热后温度升高,需要送到机外或在机组内进入热交换器进行二次冷却(即用外界的天然水进行二次热交换),使它的温度降到初始状态,继而用风扇或泵循环使用。

2. 空气冷却电机的热应力与热应变

大型水轮发电机铁芯3~5米长的电机绕组(线圈)放在铁心槽内,用风扇吹铁心,在槽通风沟内将包了(4~5毫米)厚绝缘的通电导体产生的热量传递出去。与铁芯接触处依靠铁芯传热,铁心自身也发热,叠加起来的热量会使铁心上的绝缘漆升温受损;铁心也因热胀而翘曲。若采用热膨胀间隙,或用弹性支座,则改变了刚度,会引发振动。导体温度变化大,因热伸缩磨损绝缘,尤其在槽口附近更为严重。

导体绝缘与导线之间,也会因为负荷变动使导体温度变化大,长期运行的热胀冷缩而造成脱壳,产生电晕,损坏绝缘。

3. 水内冷(简称水冷)应运而生

空气冷却(简称空冷),因为要通过外包的厚绝缘把导体的热量传导出去,绕组导体的温升过高,限制了容量提升,也缩短了绝缘的使用寿命。水内冷技术由此而产生,并经过约半个世纪的不断进步和产业化。

在国外,500兆瓦(50万千瓦)以上的水轮发电机80%以上都采用了水内冷技术。我国在三峡工程的建设过程中,也购买了此技术,并制造了28台。

4. 空冷与水冷技术特点简述

空冷技术之特点：①冷却系统简单；②工人及技术人员比较熟悉；③绕组温升高，热应力引起的磨损、脱壳、电晕导致绝缘寿命短；④维护频繁；⑤全寿命期效益差。

定子绕组端部温升计算很困难，损耗分布也算不准，给温度计算与实测的误差都留下了隐患。

另外，定子绕组线棒沿圆周方向温差有30℃，线棒的不平衡电势产生环流，加大了附加损耗，增大了各线棒之间的温度差别。即使采用补偿后，仍有15～20℃的温差。

最后，受制造极限容量限制，向特大容量发展，尚需在转子钢片材料及散热模拟等方面做深入研究。

图10给出了空冷的局部示意图，实心铜导体在绝缘中间，热量的一部份通过绝缘传给风道中的空气，另一部份经铁芯再传给空气，因此铜线温度在额定负载时要比空气高出60～80℃温升，如果空气分布不均匀，某些导体的温升还要高，导致烧毁绝缘而造成故障。

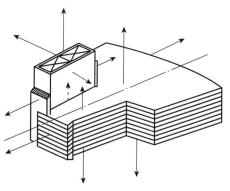

图10　空冷局部示意图

水内冷是在绕组的导体内部，有空心铜线和实心铜线搭配。因为水是由水管经并头套通入空心导体内，直接将热量带出去，无绝缘温降。

水冷技术特点：①克服了空冷的缺点；②增加了去离子的水处理系统，维护麻烦；③水具有导电性，因为有大量的密封或焊接点，一旦发生泄漏，将造成重大故障，甚至毁坏电机。图11给出了水内冷的局部示意图。

5. 水轮发电机极限容量与转速的关系

图12大致划分了空气外冷与水内冷的使用范围，供设计人员选择参考，即

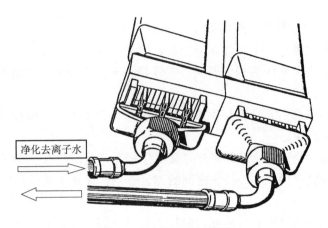

图 11　水内冷局部示意图

净化去离子水

使在极限容量范围内的空冷发电机,也会因为电、磁、力、热等各种参数处于临界状态,使得温度因分布不均、热应力大、温升高、推力轴承负荷重大等种种因素,直接影响机组的可靠性和使用寿命。因此,随着水轮发电机向大型化发展,采用内冷技术是必然的方向。

水轮发电机极限容量与转速的关系

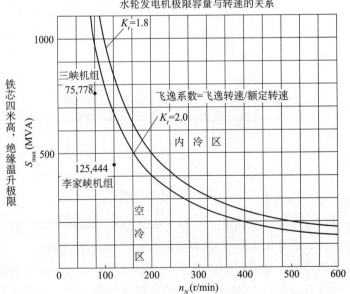

$K_r=1.8$

三峡机组
75,778

飞逸系数=飞逸转速/额定转速

$K_r=2.0$

内　冷　区

铁芯四米高,绝缘温升极限

125,444
李家峡机组

空
冷
区

图 12　空气外冷与水内冷容量分界面

资料来源:引自《水轮发电机设计手册》,609 页

6. 定子绝缘内电老化损坏机理

除前面所述的温度老化，即不同等级绝缘，如 B 级绝缘温度每升高 10 度寿命缩短一半，以及导体热胀冷缩而磨损绝缘严重（尤其在槽口附近）外，在长期运行的机组上常出现的绝缘损坏因素是电老化。

从图 13 中可看到铁芯与绝缘间有半导体防晕层，它是防制空气隙在高电压作用产生电晕，同理若绕组绝缘与导体脱壳后就有了气隙，形成离子沟而产生电晕，原因是气隙形成的空气电容介电常数小于绝缘的介电常数，所以形成的电容值也小，按照串联电容分压原理：气隙电容小，承受的电压反而高，因此气隙中很易产生电晕，绝缘电老化而致电机故障。

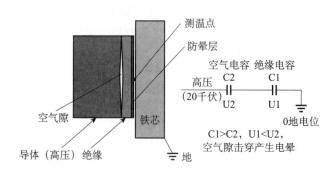

图 13　定子绕组绝缘脱壳产生内部电晕示意图

图 14 表示在脱壳情况下，因为隔了空气层导热变坏，测温系统不能反映其实际温度，常常误判而产生电机故障。

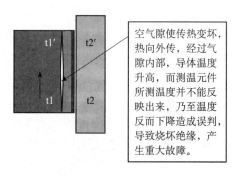

图 14　绝缘→温度升高→测温错误示意图

四、定子绕组蒸发冷却技术的特点和系统结构

1. 蒸发冷却技术的特点概述

电机蒸发冷却技术是由电机学、电机结构、工程热物理、绝缘与机械材料、力学及电化学等多学科交叉而成的新型学科。

蒸发冷却研发的目标是：系统简单，运行维护方便，减轻工作人员劳动，提升技术能力与水平，优化产业链。在技术层面，突破空冷的极限，向高功率密度发展，同时保证可靠安全；取消风扇或水泵等外动力设备，提高效率，极大地提高了全寿命期效益。另外，节约材料与消费，致力于节能环保。

它利用高绝缘性能、低沸点的冷却介质汽化吸收并传递热量，效率高，维护简便，是一种经济高效的新型冷却技术。它采用的沸点 45~55℃ 的新氟碳化合物，作为电机的一次冷却介质，无毒、无污染、不腐蚀金属及其他电机的部件，具有高绝缘、防火、灭弧性能。

蒸发冷却系统，实现了低压力（0.06MPa 以下）、密闭、无泵自循环，运行简单、维护方便、可靠性高；既克服了空冷的缺点，又继承了水冷的优点，特别是克服了水冷运行压力高（约 0.6MPa），避免了水泄漏会引发重大故障的严重缺点。

2. 蒸发系统结构

蒸发冷却系统结构如图 15 所示，它的工作原理和特点如下：蒸发冷却技术是应用了绝缘性好、沸点适中的液体替代水作为冷却介质充入电机定子线棒的空心导线内部，利用液体沸腾吸收潜热来冷却发电机。冷却介质的沸点在 60℃ 左右，蒸汽不必压即可由冷凝器在常温下经二次冷却水散出。介质吸热而沸腾，发生热功转化，宏观上利用吸收的热量来造成流体的密度变化，形成自循环动力。因此不需要外加动力，可使流体介质在全密封的冷却系统内循环，实现电机的自行冷却目标。

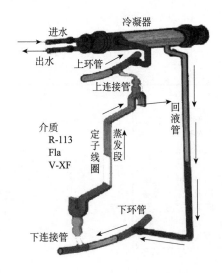

图 15　蒸发冷却系统示意图

（1）蒸发内冷与水内冷线棒的结构相同，不同之处是应用了绝缘性能好、沸点合适的液体替代水作为冷却介质，在定子线棒的空心导线内，液体吸热而升温，达到其压力对应的饱和温度就沸腾吸收潜热来冷却发电机，蒸汽可由冷凝器用自然水散出。

（2）吸热而沸腾后的流体具有做功的能力，即热功转化，它的密度发生变化，形成了自然循环动力。

（3）取消了外部的循环泵，流体介质在全密封的冷却系统内循环，冷却介质随负荷变化，自调节进行冷却，维护极为容易简便。

3. 线棒内股线沿长度方向的温度分布

图 16 中（a）是 50 兆瓦安康发电机实际线棒满负载时蒸发冷却内股线的温度沿长度的分布，（b）是测温点沿长度布点，（c）为绕组截面空实导线配置

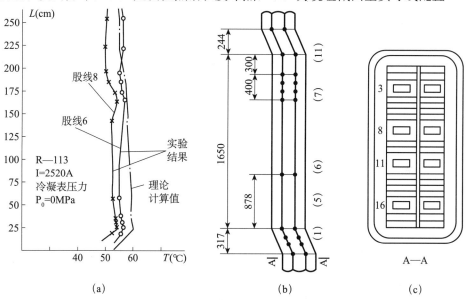

图 16　50 兆瓦发电机实物线棒及内部导体温度分布

图 17 为蒸发冷却技术与空冷技术的温升及绕组热膨胀比较示意图。这些图是用差分法计算的结果；（b）为 400 兆瓦蒸发冷却发电机，其绕组是 32 根实心铜线搭配 8 根空心导线，蒸发冷却时其冷却介质温度是摄氏 60℃左右，绝缘表面为 50℃，额定负载时实心导线的最高温度是 70℃左右；（c）是蒸发冷却发电机在 30％过载时的线棒截面等温线图，温度仍在 70℃略高一些；（d）为同一电站 400 兆瓦全空冷发电机的定子绕组截面等温线图，当全空冷发电机组运行在

额定负荷时,绕组最热点温度已高达135℃,槽绝缘表面温度为83℃,因此,内外两者之间温度差为52℃。从图中可对比蒸发冷却过载30%时和全空冷100%额定负荷时的线棒截面上的温度分布。(a)示全空冷发电机满载时线棒端头会伸长5毫米(热膨胀),因为从室温35℃启动到额定负载就要升温100℃。这个机组用了不到五年,槽出口部份的导线绝缘就已磨损了。

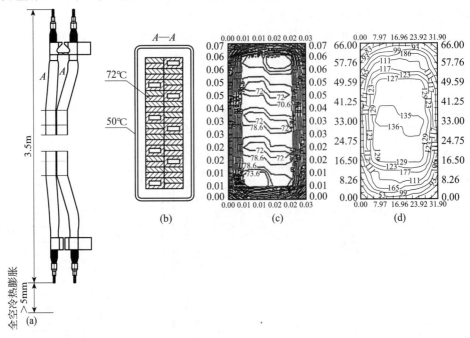

图17 蒸发冷却与全空冷技术的温升比较及全空冷电机绕组热膨胀

4. 环保型蒸发冷却介质及测控设备的研发

20世纪80年代前,我们选择氟利昂类的介质作为电机的冷却介质替代水,以提高电机的安全可靠性,经过了20多年的考验运行。后因国际蒙特利尔协议环保的限制,近20年来,我们进行了环保型蒸发冷却介质的选择和研究,并已研发出多种性能更为优越的新介质,形成了数据库,可满足不同电气设备的要求,如测试了新型蒸发冷却介质电气性能和传热循环特性,进行了新型蒸发冷却介质与电机材料的相容性试验研究。然后,再积累近30 000小时的工业试验机组运行使用时间,并经过有资质的机构进行了环境安全检测,才能应用于大型蒸发冷却水轮发电机,还配置了专用测量控制设备,便于电站技术人员操作。

五、蒸发冷却水轮发电机制造过程与电站安装运行研究

1. 产学研用实质性结合

为顺应我国"企业为创新主体"政策的特点，我们全过程跟踪研发，凡是企业薄弱或者是不具备设计、工艺、调试、测控条件等，要根据具体情况全程掌控研究。科研人员走出验室，得到各方企业领导与高层专家的指点与支持，逐步熟悉走向工程应用的规律。我们在和企业的合作、推进产业化的过程中，也不断培训企业的工程技术人员，将技术研发与工程应用接轨融合。

为了科学技术健康地进入工程应用，从原创技术，到小试、中试、扩大工业试验，最后到大工程应用，其间不断完善，并进行各种可行性与经济分析，稳步走向工业实用。

半个世纪以来，三代科技人员，冒风险，大无畏地为发展自主创新技术奋斗拼搏，越过了多个自主研发道路的死区，一步步迈向科学的高峰。

2. 蒸发冷却水轮发电机机组运行情况及效益分析

1）安康电站50兆瓦（5万千瓦）蒸发冷却水轮发电机定子温升低且均匀，蒸发冷却系统压力低

（1）定子绕组空心导体的温度实测值在60℃左右（温升约25K）。

（2）冷凝器压力在0～0.05MPa表压运行，停机时为微负压。

（3）槽内埋设温度传感器测得的温度为50～60℃。

（4）沿圆周温度分布均匀（绕组出口处实测温度均为50℃左右）。

2）50兆瓦蒸发冷却水轮发电机效益优势

（1）该机组因可变损耗减小，效率比老机型高1.11％，比新机型高0.4％。

（2）该机组从1992年7月投入运行至今，性能良好，即使在54兆瓦超发时，定子绕组温度仍保持在60℃左右（而在全空冷48兆瓦试验时槽内温度已达80℃，导体已超过130度）。夏天经常超发，每年平均发电1.9亿千瓦时，直接经济效益显著。

（3）蒸发冷却系统实际上处于免维护状态。

（4）已运行22年，线圈绝缘如新。正计划增容到70兆瓦。

3）以400兆瓦（40万千瓦）机组为例，蒸发冷却技术经济效益分析——电站用户效益分析

因为绝缘寿命至少三倍的延长，蒸发冷却系统基本免维护，使得电站总维

护工作量减少。而定子绕组寿命的加长,大大减少了维修费用。另外,根据最近 10 年的统计,冷却介质仅损失 20 公斤,按照使用老介质计算仅是 1000 元,若用新介质则为 6000 元。由此可见,电站的收益大幅度增加。

六、答疑解惑

问题 1:这个蒸发冷却技术不就是冰箱蒸发制冷吗?

答:冰箱制冷蒸发冷却与我们的常温蒸发冷却,都是利用液体汽化时吸收潜热而使物体冷却。但不同之处是,冰箱的冷却温度低于外部自然风或者江湖的自然水温度,蒸发吸热后的蒸汽无法用风或水作为二次冷却介质将蒸汽冷凝恢复成液体再循环使用。因此必须要用压缩机升压,使压缩蒸汽的冷凝温度升高(饱和压力和饱和温度是相对应的),达到高于空气或水的温度,而在冷凝设备中冷凝成液体,然后用节流阀降压(饱和压力与温度对应的原理)降温进入被冷却体内再蒸发冷却。但是会有很多的损失与耗能。而我们的冷却温度提高到高于自然风与水,可以避免这些损耗,效率提高了,维护费低了,管理简便了,外部制冷机也去除了。

问题 2:是锅炉的蒸汽发生管原理吗?

答:这个问题很好。它与自循环锅炉很相似。我们也是受锅炉烧蒸汽的启发,但是不同处就是压力温度的差别。另外最重要的差别是:(a)我们的蒸汽出来后即被冷凝器冷却成液体,之后反复使用,而锅炉蒸汽是去推动汽轮机使发电机发电,由此想到能否把冷却介质汽化后,将热能转化为功,作为自循环的动力,实践证明是对的,应用是成功的。(b)锅炉管很粗,用燃料燃烧使水加热汽化,但我们的是细小的管,能够循环起来吗?需要经过仔细的设计。(c)因为炉内煤粉燃烧温度很高,所以炉管内蒸汽含量不能太多,否则会过热而烧坏管子。这些都是我们已深入研究的理论问题,实验与工业机组均证实在我们研发的系统中不存在此类问题。

问题 3:没有泵能循环起来吗?

答:上一个问题中,已谈到锅炉蒸汽可以去推动汽轮发电机。我们是利用介质吸收的热能设计合理的结构,使之转化出一部份热能变为功,即热功转换。

怎么转变最合理,这也是研究的理论问题。在定子绕组上,是利用蒸汽的密度差,产生浮力,如同水中的气泡往上走一样。而在回液管中全部是液体,密度大于蒸汽或蒸汽与液体的混合流体,在重力作用下产生了流动压头,以克服流体的阻力，引成了自循环。

问题 4：有了水内冷还要研究蒸发冷却？

答：水内冷技术是 20 世纪中叶匈牙利专家提出的。20 世纪 70 年代开始，用于大型电机上，与氢冷技术并行发展起来。水电机组因为体积大，全密封困难，不能用氢冷。所以氢冷只用于汽轮发电机，但也在制造厂内试验运行了六年才被电站用户接受。水内冷技术在水电站使用已有 40 多年，它的优点很明显，冷却能力大，但其缺点也很明显，即三个泵保证安全输水，离子交换常要更换处理，还有结垢堵塞以及漏水造成重大故障之危险，在国内、国际上均有案例。为了继承水内冷的优势，克服其缺陷，由此进行了蒸发冷却的研究。

问题 5：空冷已能做 70 万千瓦机了，还需要蒸发冷却吗？

答：这个问题从 5 个方面进行回答。

1）关于发电机绝缘使用寿命

空冷大家熟悉，线棒制作简便，运行使用也很方便，它的名义寿命 20 年已成为惯例，有一个节距的备用线棒，大修时更换一些。线棒的寿命主要由线棒绝缘所决定，但为什么还要维修换线棒呢？绝缘寿命若按照正常发电，丰水期也不超发，寿命期内应保持正常，那为什么大修期要换部份线棒呢？损伤绝缘的原因是什么呢？那是因为绝缘的名义寿命是按照温度升高决定其寿命的法则定下的。实际上，热胀冷缩的热应力作用会引起绝缘脱壳以及磨损。从前述的图 13 中看：温度传感器是放在绝缘外面而没有和导体接触，因热变形造成脱壳分层，有间隙缺陷后，温度就会误判，这是原因之一。脱壳间隙内会因高电压引成离子阱产生电晕（图 13、图 14），电容分压的原理，若两个电容串连后外加电压，电容小的反而承高的电压，这就是因为气隙的介电常数小于绝缘。因此脱壳处相当于一个空气电容而承受了很高的电压，产生电晕放电，就如同我们看到的高压电线旁有电晕一样，它很快会把绝缘损坏导致故障，这也是大家平时不易了解的问题。

2）热胀冷缩的端部槽口绝缘与齿挠裂

端部磨损现象是容易理解的。例如，一个三米高的铁心，槽内放了线棒，铜导体的膨胀系数大，温度从空载到满载变化一百度，端部伸长超过五毫米（图 17），如同挫物一样，反复变化致使绝缘损坏。同时，也会使铁心槽口齿挠裂，这些现象都是温度高、热变形大而造成的。

3）定子铁心热变形

绕组发热又加上铁心的涡流及磁滞损耗发热，这些热量大部分经铁心传导出去，不仅影响了铁心硅钢片绝缘的寿命，也会引起整体定子的热变形。虽然采用了伸缩弹性结构，但这势必又改变了刚度，会带来振动频率变化等问题。所以随着技术的进步，出现了定子绕组水内冷技术。总之，技术的发展，都是为了电力生产的效益提高，产业链的提升。但是，新技术的掌握与熟悉也有一个逐渐发展的过程。

4）电机电磁方案

从电磁方案看，空冷电机是绝缘表面散热，为了增加绕组的散热面，采用多槽的电磁方案，势必绕组的导线数要增多约三分之一（相对于内冷）。绝缘用多了，包绝缘的工作量也多了，制造成本以及电站全寿命期的效益都受到了影响。由此也可看出水内冷技术的选择是必然的。

5）为何又回头选择空冷呢？

这也有一定道理。因为绝缘等级的提升从 A 级到 B、F、H 级发展，对于不是很大容量的电机有其特色，但大电机导体温升高，势必引起电阻损失及通风量增大，影响效率，而且大电机的尺寸大，热应力的影响也很难回避，所以应理性有限地选用。

如果产生了一种既高效、安全、可靠、简便，可维护性又好的冷却方式，一些难题也许就迎刃而解了。

问题6：蒸发冷却电机在电站安装困难吗?

答：多台实际机组的实践证明：结构件，特别是密封件的加工工艺和安装方法等均已完善。在电站的安装期因为定子线棒减少了将近三分之一，安装也容易了。安装期不比空冷机组长，并且只要熟悉了安装规程，其安装期还可以缩短。需要维护的部件少，维修也方便。

问题7：因环保原因，氟利昂冷却介质限制使用了怎么办?

答：对于这个问题我们早有准备，替代品性能已经超过了氟利昂类的 R-113。起初，我们选择了 R-11，在机组上试用时，电机若运行在 60℃时，系统的表压力在 0.3 兆巴左右，对于密封件的要求较高。后来又寻到了 R-113，它的沸点合适，电机运行在 60℃时，表压力在零压左右，微正压力对密封件的要求就低了。基于这些原因，以及长期的电站运行经验，我们在三峡电站，根据设计院的要求选择了新的介质，保证运行在 60℃左右，对于电机绝缘来说，比全空冷发电机寿命长很多倍，全寿命期总的维护量大大减少。

问题8：从测温传感器数据看，与全空冷发电机的温度也差不了太多?

答：温度传感器是贴在定子绕组（水轮发电机有时叫线棒，因为线棒粗大，两根线棒连接成一个绕组的线圈）绝缘的外表面，传感器与导体隔了一层厚绝缘。导体是带电的，直接测温不安全，因此隔了绝缘层测温，这就如同感冒时把温度计放在毛衣外测体温一样。因此，导体的真实温度，是要把测出的表面温度叠加导体上绝缘层的温降，因为这个温降才使得导体的发热量能传导出去。电压越高的电机绝缘层越厚，这个温降也越大。问题就更为突出，内冷技术的优势也就突显了。对于同容量电机来说，电压高、电流小、损耗少，似乎可缓解散热，但绝缘又加厚了，散热更困难了，因此需优化分析；而蒸发内冷导体温度都在 60℃ 左右，不存在绝缘内外的传热温差。

问题 9：内冷技术成熟了吗？为何大家还有疑虑？

答：首先，水内冷技术的冷却效果是好的，但因为压力高，对密封件及焊接点面的要求很高，要长期经受耐压力的考验，维护复杂，一旦漏水就形成故障，给大家选用内冷产生了顾虑。

其次，蒸发冷却所用的介质，温度合适又具有绝缘性，性能稳定。其冷却系统几乎是个无压系统，因此从根本上去除了泄漏的问题。即使介质泄漏，因为介质有好的绝缘性能，也消除了引发发电机故障之隐患，满足了发电机最为重要的安全性、可靠性及长期稳定运行的要求，同时尽可能减少了维护工作等电站的特殊要求。因此各种疑虑均来自大家对蒸发冷却的了解不够。

问题 10：搞科研工作的书生们能做成如此大的工程吗？

答：我们的科研队伍，从基础研究、技术设计研究、工艺技术研究，到安装测试等均全面执行服务、监理各项任务。经过了半个世纪、三代科技人员的共同努力与前后承接，完成了从小容量到特大容量的四轮国家及行业任务，六台水电机组自始自终地跟踪服务。实践经验的积累，攻无不克地解决实践中的各类问题，直到三峡机组的成功运行，为蒸发冷却技术的优势提供了最为强有力的证明。

问题 11：外国没有的技术，你们能做成？

答：这个问题太有意思了，有一定的历史性，我们也听得太多太多了。为解答这个问题，我们三代科技人员探索奋斗了半个世纪的历程，在一些专家和朋友们支持下，紧扣每个时期的国家政策，终于做成了国外没有的新技术，并将其用于特大型的电力设备上。而且现在及未来，还在向不同方向、不同领域拓展应用，本着科教兴国、自主创新、创新驱动的方针路线，致力于优化产业结构，努力将自主创新的科研技术用于发展生产力，强国富民，逐步摆脱历史留给我们的痕迹，建立创新文化，树立起创新的民族自信心。

七、结语

至今,蒸发冷却技术已经成功地应用于 7 台工业机组（其中有 6 台水轮发电机和 1 台汽轮发电机）。到 2010 年以前,累计容量为 522.5 兆瓦。三峡电站两台机组投入运行后,又突增了 1400 兆瓦。至 2012 年,共计 1922.5 兆瓦（192.25 万千瓦）。

蒸发冷却介质具有很高的绝缘性能与传热性能,研发的新型冷却介质已完全替代了氟利昂类介质,效果更为理想。

机组长期的稳定运行表明:蒸发冷却技术可以完全消除空冷和水内冷技术的弊病,冷却效果优异,同时更大幅度提高了电站的经济效益。

因此可以说:我们自主创新的常温蒸发冷却是世界领先的科学技术,并已拓展到了多方面的应用,为电气及电子信息装备的节能节材提效发挥重要作用。

生态：文明的桥、智慧的梦

王如松

中国工程院院士，城市生态与生态工程专家。中国科学院生态环境研究中心研究员。1970年毕业于安徽师范大学数学系。1981年获得中国科学院研究生院硕士学位。1985年于中国科学院研究生院获得博士学位。曾任国际生态城市建设理事会副理事长，中国生态学学会名誉理事长，国家环保部两委委员，《生态学报》主编，全国人大代表，北京市人民政府参事，中国生态学学会理事长，国际科联环境问题科学委员会第一副主席，国际人类生态学会副主席。

主要从事城市社会—经济—自然复合生态系统理论和方法研究。揭示了环境、经济与社会耦合的动力学机制和控制论规律；研制了从量到序、从优化到进化、从物态到生态的泛目标生态规划和共轭生态管理方法；开发了横向耦合、纵向闭合、区域整合、社会复合等产业生态转型和生态工程集成技术；以海南、扬州、大丰为实证，创建了融污染防治、清洁生产、产业生态、生态社区和生态文明于一体的生态省、市、县建设模式。以第一作者或通讯作者发表学术论文150余篇，论著12本；获国家科技进步奖二等奖2次、省部级一等奖3次。1984年与马世骏共同发表的"社会—经济—自然复合生态系统"一文及1988年出版的《城市生态调控原则与方法》专著是该领域的代表性论著。

本文是关于党的十八大以来我们国家在推进生态文明建设、将生态文明融入社会、政治、经济、文化建设中的一些进展和展望。我想从三个方面介绍：一是生态和我们每一个人有什么关系？这就是：生态是一座连接"你、我、它"的桥梁；第二，生态和我们的学问有什么关系？即生态是一种跨越理科、工科和文科的智慧；第三，生态跟我们的国家和未来有什么关系？即生态是一个融和真、善、美，焕发精、气、神的中国梦。

一、生态：联接你、我、它的一座桥梁

我们都是人，人的象形文字就是弯着腰在那儿耕地的人的形象。如果把地球上的生命史，从自有生命以来视为一年，假如生命出现在 1 月 1 号，那么 10 月 20 号才出现脊椎动物，12 月 7 日才出现哺乳动物，12 月 31 日晚上 19 点才出现人种，22 点 54 分才出现北京猿人，我们的城市则是在 12 月 31 日 23 点 59 分 13 秒才出现，所以这 47 秒才是有城市的历史。改革开放初期，1978 年我国城市人口只占全国总人口的 18%，82% 都是农村人口，去年这个数字是 52.6%。城市给人民带来了物质生活水平的显著改善，推进了社会的进步。城市使农耕人变成城市人，生活品质提高了；经验人变成科学人，认识能力提高了；生物人变成智能人，开发技术强化了。但是同时，人类从利用太阳能到利用化石能，把地下储存了亿万年的煤、石油、天然气开发出来变成二氧化碳，生态风险增加了；从利用生物质到利用矿物质，把大量矿产资源开发出来加工成不可再生的化学品，生态循环弱化了；从自力更生的自由人，到完全依靠机械、电子、化工产品生活的现代人，人类适应自然的基因退化了。原来北京是一座在世界上享有盛名的自行车城，现在也变成了由钢铁支撑、石油驱动、水泥铺地的汽车城。

工业文明的显著标志是大量开采化石能源、大量生产机械化工产品、大面积硬化活性地表，在改善人类生活质量的同时，也导致了气候的变暖、地表的灰霾、空气的酸化、生物的退化和水体的绿化。这种绿并不是绿地的绿，而是水体富营养化的绿，是对人类健康有害的绿。结果，城市成了万花筒，呈现出五彩斑斓的生态效应，如红色的热岛效应、绿色的水华效应、灰色的雾霾效应、黄色的沙尘效应，还有绿野开山炸石挖沙形成的白色秃斑效应，以及生活垃圾堆放场五颜六色的塑料效应，它们都是人和我们周边的物、事、环境之间生态关系不协调、不和谐、不可持续的结果。

环境问题的生态学实质主要有三个方面：第一是物，即资源代谢在时间、空间尺度上的滞留和耗竭问题。每天我们的工厂、城市从郊区和腹地输入大量生物质和矿物质，经过加工，其中只有少量变成产品，大多数被当成废弃物排到水体、大气和土壤中形成污染，这种输入远远大于输出的现象叫做生态滞留；另外，我们从自然生态系统，如海洋、淡水、草原、农田、森林、矿山攫取大量物资，但是用于生态修复和保护的投入和回馈却很少，导致自然生态的退化，影响区域民生并殃及子孙后代，这种输出远远超过投入的现象叫做生态耗竭。生物链和矿物链的滞留和耗竭产生了一系列环境污染与生态退化问题。

第二是事，即系统运筹在结构、功能关系上的破碎和板结问题。为了人类活动的方便，城市地表是用水泥、柏油硬化的，沟渠也是用水泥、石头密封的，以防止地表水"流失"。当今很多城市除了风雨过后的少数晴朗天气可以看到蓝天外，大多数时日总是被灰蒙蒙、雾茫茫的灰霾笼罩着。这是局地气候、城市下垫面及人类活动排放的尘埃联合作用的结果，整个城市好像被罩在一口大锅底下。这种土地、水文、大气的板结化现象被称为生态板结。另外，城市的自然景观被高速公路和城市工矿建设搞得支离破碎。我们的产业生态是破碎的：环境与经济脱节，生产和消费脱节，厂矿和区域脱节，企业间横向共生关系松散，废物制造和循环再生脱节。

第三是人，即社会行为在局部和整体关系上的短见和反馈机制上的开环问题，即信息的反馈通道堵塞。例如，先污染后治理、先规模后效益、先建设后规划、先无序后有序的开发观。在管理上，我们的资源、环境和经济是由不同的部门管理的。我们的生产和消费也是分离的，生产厂家一般不考虑它的包装品、半成品或消费后的最终产品扔到环境中会有什么结果。管理体制条块分割、决策往往就事论事，头痛医头的救火模式、认知的支离破碎、传统科学还原论占主导。"科学"这个词的英文 Science，其中文翻译非常确切，就是"分科别类的学问"，学科间缺乏交叉与融合。我们的研究、决策和经营管理缺乏交叉学科和综合分析能力的基础训练。同学们以后进入大学，分成理科、文科或工科，每个科又有很具体的专业，这些专业互相之间很多是不搭界的。但我们毕业后到社会上要应付的是多学科交叉的问题，还必须要重新学习其他相关学科的知识。还有一个信息反馈机制的问题，一是反馈渠道不通，二是反馈速度缓慢，部门之间缺乏生态关系的沟通机制，内部组织的自主调节机制比较弱，经济建设和社会发展的负面效应不能及时反馈到决策管理部门，导致不可挽回的损失。

如果把城市比作一个人的话，我们可以把城市生态功能的退化比作是："肾功能衰竭"，表现在湿地消失、河道退化、水文失调、水质恶化；"肺功能退化"，表现在绿地结构单调、景观格局失调、生态多样性减退、碳氧代谢功能低

生态：文明的桥、智慧的梦

下,导致雾霾浊气难散、新鲜空气难形成;"脾功能失调",表现在地表硬化、屋顶灰化、河堤刚化、热岛集聚,导致热难扩散、雨难下渗、水难循环、尘难消纳;"肠胃消化不良",城市大量未被完全消化的资源,以污水、废气及垃圾的形式滞留在或清运到城郊结合部或未利用空间,导致水体、大气和土壤环境的污染;还有"血脉经络不畅",山形水系受损、城市摊大饼蔓延、物流人流不畅,导致交通拥堵、灰霾滞留的现象。城市建设中的摊大饼现象,虽然数学上可以证明环线的经济效益最高,即单位长度的环线以圆周的服务面积最大,但其生态服务效益却最差,因为单位面积的建成区以圆周的生态服务边缘线最短。

我们知道北京有两条大河,一条潮白河,一条永定河。历史上这些河流常年都是有水的。20世纪50年代北京市先后在上游修了官厅和密云两个水库,以解特大城市生产、生活用水的燃眉之急。但水库下游河流的干枯与湿地的退化,却导致城市肾功能逐年衰竭,生态服务功能下降,局地气候干燥,住在下游的人们就感觉到不舒服。2003年非典爆发期间,由于农村的生态服务功能强,流行不起来,非典只在城市流行。当今城市的环境问题不光有全球性气候变化问题,还有包括灰霾、水华环境致病病毒、食物和饮水污染、雨洪和地质灾害等环境污染问题,以及人的环境适应能力降低、生态服务功能减弱等生活品质和生态健康问题。

最近这35年是中国经济突飞猛进的时代,我们的GDP在全世界占到了第二位,但是我们的环境和社会发展还是不同步的,还有很多不协调、不平衡、不可持续发展的问题。比如,联合国开发署统计的人类发展指数,是对人均寿命、人均收入、人均文化程度等指标的综合评价,中国2010年才排在全世界第101位。其中一个主要差距是生态文明的差距。我们一些地区自然生态在退化、人类生态也在退化。我们上课用电脑、联络用手机、出门坐汽车、生活电气化,连购物都是网购,一切都依赖化石能源。人变得越来越懒,越来越不愿动腿、动手、动脑筋了,对环境的适应能力和风险的抵抗能力越来越弱。患肥胖症、高血脂、高血糖、高血压的人越来越多。长此以往,人类将面临基因退化和种群被淘汰的风险。这里的核心问题就是生态问题,是怎么利用生态学方法去调控我们的生产、生活与生态协同方式,使我们的生活更幸福、生命更健康、环境更美丽。这就要求我们学习一点生态、认识一点环境。在发达国家,生态是每个大、中、小学生的必修课。学习实践党的十八大提出的生态文明五位一体建设精神,我们也必需把生态学列为各类学校以及全社会每个公民提高生态文明素质的必修课。

什么是生态?通俗地来讲,生态是连接生物和环境、人和自然、个人和社会、局部和整体的一种物、事、人之间的耦合关系；是我们每一个人的生存之道，生产之术，生活之理和生命之魂。社会上常讲的生态，一般是指人的生态。其核心有三点，一是人和周围环境之间的耦合关系，二是认识调控这些关系的整合学问，三是引导这些关系和谐发展的进化状态。

下面我们分三块讲，首先讲耦合关系，生态是连接你、我、它的一座桥；第二讲整合学问，生态是整合物、事、人且横跨理、工、文的一种智慧；第三讲和谐状态，生态是融合科学的真、人文的善与自然的美的一种理想过程。

首先，生态连接着"我"，我们每个人的工作、学习、生活、思考，无一不在同物理环境、代谢环境、居住环境、社交环境、学习环境和工作环境打交道，我们的衣食住行、酸甜苦辣、喜怒哀乐、生老病死，无一不存在物理、道理、事理、情理的生态关系。

人和环境间的生态关系有温饱、功利、道德、信仰、天地五种境界：第一是温饱境界，人饿了要吃饭，冷了要穿衣，都要从环境中索取，用完还扔回环境，这叫做温饱境界；第二是功利境界，市场经济的基础是功利，人要有功利之心，在不影响集体利益、他人利益和环境利益的前提下，每个人都去为个人、集体和国家争益夺利，这样我们的资源才能有效利用、社会才能高效发展。拿破仑有句名言："不想当元帅的士兵不是好士兵"，就是指要建功立业；第三是道德境界，功利之心必须以道德之心为基础，要有社会伦理和自然伦理道德，统称为生态伦理之爱，要爱人，爱自然，爱社会。第四是信仰境界，信仰有宗教信仰和非宗教信仰。中华民族本质上是不信教的，但我们有儒、释、道及诸子百家文化包容整合的精神信仰。中国人的家庭观念、宗族观念、单位观念、地区观念和国家观念很强，有自己非宗教的信仰境界。人必须有人生一世的奋斗目标和精神寄托，才会有健康的生活信念和良好的社会生态与自然生态关系。最后是天地境界，宇宙无边无际、无始无终，奥妙无穷。同学们将来都要进大学、上专科，有的要读研究生，成为硕士、博士，探讨宇宙、时空、天地、生死的基本原理，探索时间、空间、有限、无穷的未知奥妙，培养天、地、人、生物关系的审美情趣，就是天地境界。

其次，生态连接着"你"：我们周围的每个人，包括父母兄弟、亲戚朋友、妻室儿女、同事同学、上级下级、业主客户形成生态关系圈，大家在一起开拓环境、改造环境、建设环境、破坏环境。社会上人人都需要别人的帮助，包括亲情、友情、爱情和人情；人人需要帮助别人，从物质上、精神上直接地、间接地帮助别人。人世间人们通过竞争、共生、奴役、寄生、剥削等种种人际关系实现优胜劣汰、协同进化，生态规律作用的结果就出现了人间的爱和恨、得

生态：文明的桥、智慧的梦

和失、誉和毁、乱和治。

再者,生态还连接着"它":物质进进出出,能量聚聚散散,生物生生不息。我们的衣、食、住、行、玩无一不在和大自然中的"物"打交道:食物的代谢给我们以营养,能量的转换给我们以动力,水文的循环给我们以生命的源泉,空气的调节能清新我们的血液,矿物的开发利用为我们提供设施和用品。日出日落,花开花谢,植物的光合作用和动物的蛋白合成提供我们用之不竭的食物,微生物的还原作用和自然的净化功能使废弃物得以循环再生,生物多样性的关系网协调及维持着生态系统正负反馈关系的平衡、结构功能的和谐及生生不息的基因传承和生态进化。

中国古代诗词里面有大量关于生态的描述,比如杜甫的名句"无边落木萧萧下,不尽长江滚滚来",表面上讲的是水、土、气、生,讲风声、涛声、春去秋来的风景,实际上是经时纬空、新陈代谢,讲的是人世、人情、人生、人气,中心是人的生态。翻翻古代的诗词,八成以上都是和自然及人类生态有关的。

生态有生物生态和人类生态,我们这里讲的生态主要是人类可持续发展的生态,用一个最形象的表述就是绿韵与红脉关系的生态。"绿韵"是光合作用赋予的以叶绿素形式出现的生命力。植物大都是绿色的,自然的本色是绿,生命的活力表现在绿,人类活动的基础就是绿。还有"红脉",即人类生产、生活、交通网络与基础设施。人和高级动物的血液都是红的,人类社会能源开发利用的做功过程和热耗散表现出的是红色,它是生命的血脉,社会的基色。我们要发展绿色经济,建设绿色景观,运筹绿色社会,传承绿色文化,其实就是要协调绿韵与红脉的耦合关系。

自有人类以来,人类文明经历了从原始文明、农耕文明、工业文明和社会主义文明的演化。原始文明以采摘狩猎为特征,以发明用火和金属工具为标志,是一种适应自生式的社会形态;农耕文明以种植养殖为特征,以发明灌溉和施肥育种为标志,每年周而复始可以循环再生地生产食物,抵御各种自然灾害和野兽害虫的侵袭,是一种循环再生式的社会形态。由九千年农耕史创造的中华农耕文明,是世界上最稳定但又较保守的文明,其生产效率低下、开拓竞争能力不强;工业文明以市场经济为特征,以大规模使用化石能源和机械化工产品生产为标志,是一种掠夺竞生式的社会形态,生产效率高但社会及自然和谐度低;经典社会主义以社会公平与生态和谐为理想,以社会公德和行政管理为手段,是一种协同共生式的社会形态,但缺乏市场机制的激励,生产效率低下。以上任何一种机制单一作用都是不可持续的。未来的社会形态应该是以可持续发展为特征,以知识经济和生态技术为标志,集自生、共生、再生、竞生功能为一体，通过时、空、量、构、序的系统耦合与智力整合，以期达到生态规律约束下的高效、和谐发展，我们称其为生态文明，其核心过程是"阴阳交错，天文也，文明以上，人文也。观乎天文以察时变，观乎人文以化成天下"的协同进化。生态文化的文，指人（包括个体人与群体人）与环境（包括自然、经济与社会环境）关系的纹理、脉络或规律；生态文化的化："化，教，行也，教成于上，而易俗于下，谓文化"，指育化、教化或进化，包括自然的人化与社会的自然化。生态文明是物质文明、精神文明和政治文明在自然和生态关系上的具体表现，包括认知文明、体制文明、物态文明和心态文明。

认知文明是人类在认识、感悟和品味自然，保护、改造和管理环境过程中从感性认识到理性认识、从必然王国到自由王国所积累的知识、技术、经验和智慧在全社会的系统升华和风尚习俗的进步，包括对生态哲学、生态科学、生态工学和生态美学等自然科学和社会科学知识、经验和方法的认知和觉悟。总体说来，社会主义初级阶段的中国社会，生态认知还是很低的，需要我们在座的同学、老师和全社会一起努力，来推进认知文明的建设。

体制文明是对协调人口、资源、环境关系的管理制度、政策、法规、机构、组织的开拓、适应、反馈、整合能力与和谐程度的测度。我们现在都逐渐认识到很多发展中的问题都是体制条块分割、政策法规不完善造成的，党的十六大提出了区域统筹、城乡统筹、人和自然统筹、社会经济统筹、对内和对外统筹的五个统筹要求，到十七大又加上了中央和地方、个人和集体、局部和整体、当前和长远四个统筹，十八大进一步提出把生态文明融入政治、经济、社会、文化建设的要求，使这九个统筹关系从法规、体制、组织、管理和机制等方面得以理顺。

物态文明是人类改造自然、适应环境的物质生产、生活方式及消费行为，以及有关自然和人文生态关系的物质产品的发展态势，包括生产文明、消费文明和发展文明。生产文明是对与环境脱节的传统链式生产方式的改革，每个企业从大自然中攫取廉价资源，经过加工变成产品卖到市场上、把利润赚回来就完了，而不管其生产、流通、消费环节对资源和环境的影响，缺乏废弃物及产品用完后的循环再生和生态修复机制。其结果企业盈了利，但对自然生态系统，对周边地区环境、对人群健康乃至子孙后代产生的负面影响却很少问津。将生态文明融入经济建设，就是要鼓励全生命周期过程的生产、流通、消费、还原和管理，促进物本经济向人本经济、产品经济向服务经济的转型。企业生产的目的主要不是提供产品，而是社会服务，根据社会和市场的需求不断更新产品、工艺，以及与市场和环境的关系来组织生产，实现企业、社会、环境的三赢。

生态：文明的桥、智慧的梦

一个生态成熟的一流企业应是物质流通量最小、信息流通量最大、机制灵活、研究与开发人员过半、服务与培训强势的进化型企业,其主要产出应是技术、标准、服务和智慧。再就是消费文明,当今社会的高消费模式都是从美国学来的,但是美国只有3亿人,我们13亿多人,他们的资源总量比我们多,中美人均资源差距更大,如果都像美国那样的消费水平,一个半地球还满足不了中国人的资源需求。消费文明着力引导社会消费从以金钱为中心的富裕生活到以健康为中心的和谐生活,以数量多为目标的占有型消费到以功效优化为目标的适宜型消费,以外显为中心的摩登消费到以内需为中心的科学消费,以利己为中心的物理型关爱到以爱它为中心的生态型关爱的转型。我们的空调没有必要夏天调得很冷,冬天调得很热,其实只要夏天比外面低几度,冬天比外面高几度,感觉有差异就行了。现在的社会风气是,年轻人刚参加工作就要买车子、买房子,其实有的就近上下班根本不需要私车,也可以租房子住,但车子和房子似乎是年轻人能力和地位的象征,否则连交朋友都受影响。所以政府的政策配套和社会消费风尚的引导至关重要。

物态文明的第三方面是城乡生态发展的文明。城乡生态发展包括低碳发展、循环发展、高效发展、绿色发展与和谐发展。低碳发展是指能源的清洁利用和可再生能源的开发,如太阳能、风能、沼气、生物质能等的利用;循环发展指物质循环再生型的生命周期全过程生产和生产流通消费信息的反馈;高效发展是高的资源、环境、资金、人力和技术的产出率,效率是经济学追求的第一法则,低效循环和低效低碳的经济是没有生命力的经济;绿色发展是维护自然生态系统不受破坏、生态服务功能和生态多样性日益增强、绿色机制在全社会根深蒂固的生态进化式发展;和谐发展是要促进区域之间、城乡之间,工农之间、行业之间、环境和经济之间的和谐与平衡。

心态文明是人对待和处理其自然生态和人文生态关系的精神境界,即前面讲到的功利、道德、信仰和天地境界。心态文明是当前我国生态文明建设、体制机制改革、社会经济发展的瓶颈。发展在胁迫生态,社会在呼唤生态,科学在催生生态,而文明在育播生态。把生态文明植入我们每个公民的心里,写到960万平方公里的祖国大地上,这是中国特色社会主义发展之必须。

二、生态:贯穿理、工、文的一种智慧

生态的第二个内涵是包括人在内的生物与环境之间关系的整合性学问或永续发展的智慧。

首先，它是人们认识环境、改造环境的一门世界观和方法论或自然哲学，同学们将来要做学士、硕士、博士，理学博士的英文 Ph. D 也指哲学博士，学理科的同学首先要学自然哲学或生态学；其次是包括人在内的生物与环境之间关系的一门系统科学，一门自然科学与社会科学交叉、跨越理科、文科和工科的整合性学问；第三生态学是塑造环境、模拟自然、巧夺天工的一门工程技术；最后，生态还是我们养心、悦目、怡神、品性的一门美学。过去我们在学校受到的教育大多是认识自然、改造自然和保护自然，而不包括品味自然、享受自然和抚育自然。生态文明需要培养一种正确的审美观，生态是一门很好的美学，教你怎么去品味、认识、享受和抚育我们的自然环境。

　　传统生态学是生物学的一部分，研究生物和环境的二元关系。后来到 20 世纪 70 年代到 80 年代左右，美国著名科学家 E. P. 奥德姆和中国生态学大师马世骏分别提出了生态是人、生物和环境关系的系统科学，以及社会-经济-自然复合生态系统的理念，将生态学从二元扩展到三元关系，再从单层生态系统上升到多层生态系统。

　　生态哲学是有关人类认识自然的世界观、发展观、伦理观和生死观。生态哲学主张任何生态因子过多、过少、过强、过弱都不好。比如台风，提起台风，人们会产生其摧枯拉朽、横扫一切的恐惧。但是我们要知道，中国是个农业国，农业基本上是靠东亚季风支撑的雨养农业，哪一年台风多了，一定是风调雨顺，哪一年台风少了，一定会歉收。沙尘暴实际上是地球上的一种自然现象，是地球生物化学循环的一部分，是没有人类之前就存在的自然现象。只是近年来由于人类不合适的开发活动，导致局部地区生态退化、沙尘暴加剧了。其实沙尘暴还把陆地上的氮磷等营养物及微量元素运送到海洋，为占地球面积 2/3 的海洋生态系统光合作用提供必需的原材料，所以沙尘暴也是利弊兼有。如果没有沙尘暴，我们的海洋生物量就不可能有那么多。又如森林大火很可怕，但并不一定是坏事，森林有时也需要大火。适时的森林大火可以使土壤重新得到营养、促进森林的更新、种子的萌芽和生态系统的演化。比如 20 世纪 80 年代美国黄石公园的一场大火，受灾面积达 3213 平方公里，但是人们发现 30 多年后黄石公园的生态多样性比原来还好，所以生态学有一门分支学科叫火生态学。再比如说黄土高原水土流失是个坏事，但是当地农民却利用水土流失发明了一种坝地农业，下雨之前在山谷里面筑一道土坝，雨下来后，把山上的泥土冲下来，被坝挡住了，雨停了之后，把水一放，坝内形成一块平坦的坝地，土壤营养质丰富，不失为一片良田，是利用水土流失造地的生态工程典型案例。其实，生态学上很多人们认为坏的东西不一定都不好。相反一些好的东西，比如生物多样

生态：文明的桥、智慧的梦

性很好，有机肥很好，植树造林很好，但是都有它的负面作用。比如印尼一家造纸厂要在海南造 400 万亩桉树林生产纸浆，桉树的化学他感作用会抑制林下一些生物的成长，另外，它每六七年都要皆伐一次，当时我们的环境影响评价结论认为，垦荒坡地热带生境的大面积单一物种种植及其皆伐的耕作方式会导致生物多样性降低、水土流失、水资源耗竭等一系列生态退化问题，其实是弊大于利。这说明植树造林不一定都是好事。我们现在的有机农业需要用有机肥，有机肥对作物是好东西，但管理不当就会造成污染浅层地下水，危害居民消化系统健康等一系列恶果，这些都是我们刚才讲的生态哲学问题。

生态还是一门工程科学，比如我们的城市生态规划、生态建筑、生态卫生、生态基础设施建设等都是一个如何运用生态原理和方法进行工程建设的问题。现在社会上了解环境工程的很多，知道生态工程的很少。环境工程是通过各种物理、化学、生物手段将污染物清除，将环境净化。比如污水处理厂及电厂燃煤的脱硫除尘装置等都是环境工程。而生态工程则是指利用自然生态系统中土壤、生物、气候调节、水文循环、可再生能源的自我调节能力和适当的人工辅助手段，将进入生态系统的废弃物变成对人或自然有用的资源，实现环境和经济双赢的一类工程。生态工程是工程建设中一门新兴学科，是一门很有前途的新兴交叉学科，将来会发展得很快的。

最后生态学还是一门美学，自然界的竞生、共生、再生、自生，对称、均衡、对比、秩序、节奏韵律，多样统一，是生态审美的共同规律，包括整体和谐美、协同进化美、循环反馈美、自生刚柔美。用生态美学去格物、处世、待人，你会发现，大自然既是美的，也是理性的。自然以她特有的色彩、线条、形状、位置和声音，以她特有的秩序、和谐与统一，在人们心中唤起了美的形象、美的愉悦、美的追求和美的感悟，使人怡神、悦目、清心、节欲，陶冶情操。生态美学在揭示自然美的实质和规律的同时，还向人们介绍如何营造一个适合于人类身心健康的环境，包括自然环境的保育、城市景观的自然设计、人居环境的美化、园林庭院的绿化与活化、人的衣着、服饰与环境中色彩的搭配、形与神的融合等。怎样才算一个既适合当地自然生态条件，又适合个体及群体的社会和文化需求的宜居环境，如何从结构上、功能上、形态上、神态上去审美、品美、创美，都是生态美学要解决的审美情趣、审美方法的问题。

再讲讲生态科学的文理交叉，生态不仅是一门基于生物学、地理学、环境科学，以及数、理、化的多学科交叉的自然科学，还是一门与人类学、社会学、经济学、城市学、经济地理学、管理科学等高度交叉的社会科学。生态学的发展把文科和理科贯穿融合起来成为一个新的学科体系。应该说，这个体系，哲

094

学是社会科学的基础，数理化、天地生是自然科学，传统生态学以理科为基础。理科是认识自然，认识世界的，工科是改造自然、改造世界的，人文科学是认识社会的科学，社会科学是改造社会的科学，理科和工科、社会科学和人文科学相辅相成。生态学是一座联系科学与技术、科学与社会、科学与智慧的桥梁。把生态文明融入经济建设、政治建设、文化建设、社会建设和文化建设的各方面和全过程，建设五位一体的中国特色社会主义，其方法论基础就是生态学。

生态的第三个内涵是通向可持续发展的一种和谐状态和进化过程。前面讲生态是一种耦合关系，关系是中性的，不好也不坏。但我们经常用的生态城市、生态旅游、生态文化等名词，其实都是将生态当作褒义词，它是对"生态关系和谐"一词的简称，表示人和环境的关系中形成的一种和谐的文脉、机理、组织和秩序。

人类社会是一类社会-经济-自然复合生态系统，其自然子系统提供了我们每个人、每个单位、每个城市都需要的水（水资源、水环境）、土（土壤、土地）、大气和能源（中国古代人类生态的五行理论把能源、大气统称为火）、生物（动物、植物、微生物，古称木）、矿物（矿石、化合物，古称金）。由这五类生态因子组成自然子系统，是提供人类生产生活与生境保护所需要的基本支撑条件和基质，我们叫它"环境为体"。但人是有主观能动性的动物，能通过生产、流通、消费、还原和调控等经济活动构成的经济生态子系统有效地利用这些生态因子，我们称"经济为用"。第三个层次是由人口（生产力、消费力）、人治（法规、体制）和人文（文化、精神）组成的社会生态子系统来管理和调节社会生态关系，我们称"文化为常"，三个子系统内部及之间的相生相克、相反相成的关系形成复合生态关系，我们称"生态为纲"（图1）。

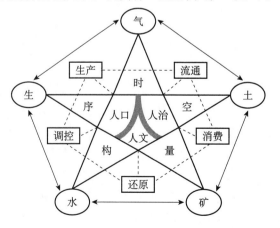

图1　社会-经济-自然复合生态系统

生态学的研究对象和重点不是复合生态系统图上的这些圆圈和方块所表示的组分,而是其中这些线条所代表的多元、多层关系。生态学的研究对象已从物理现象的格"物"进化到系统关系的格"无"。

工业革命以来形成的自然科学是基于还原论的分科别类的学问,就是把整体分成组分,认为把每一个组分都研究好了,整体就清楚了。整体论认为整体大于部分之和,系统的每个单元都分析清楚了,整体不一定就清楚。还需要辨识各个组分之间的多元关系、结构关联、过程轨迹和功能影响,才能从单株树木看到整个森林。这就是生态学和传统物理学研究不同的地方,它研究的主要是关系,是"有"之间的"无"。当然,整体论和还原论是生态研究的两条腿,相辅相成、缺一不可。

这里的"无",是老子提出来的。他举例说,一个轮子有三十个辐条,共一轮毂,起作用的主要不是辐条本身,而是轮毂和辐条中间的空间。我们的教室有窗、有门、有地板、有墙壁,其实真正有用的是他们之间组成的空间,用于容纳教学活动。一个茶杯,我们用的不是杯壁和杯盖,而是其中能装茶水的空间。有之以为利,就是起支撑作用的物;无之以为用,就是可以发挥功能的生态耦合关系,生态学研究的就是这个"无"。

生态控制论有很多原理,既复杂又简单。简而言之,用拓、适、馈、整四个字就可以总结。

一是"拓",开拓的拓,每一种生物,每一个生命有机体都有其内秉生长力,都能千方百计拓展生态位,获取更多的资源和更适宜的环境,为其生存、发展、繁衍和安全服务。

二是"适",适应的适,生态系统具有强的顺应环境变化的生存发展机制和应变能力,既能不失时机地抓住一切发展机会,高效利用一切可以利用的资源,又能根据环境变化,通过多样化和灵活的结构调整和功能转型调整自己的生态位,创造有利其发展的生存环境。

三是"馈",反馈的馈,包括物质循环和信息反馈。物质通过生产者、消费者和分解者最后回到大自然中去,使世间一切资源都能物尽其用;任何生物的行为通过生态链网形成信息反馈链,层级传递,迅速传回作用者本身,促进或者抑制其行为,实现系统的自我调节,将风险降到最低。

四是"整",整合的整,生命-环境系统遵循特有的整合机制和进化规律,具有自组织、自适应、自调节的协同进化功能,能扭转传统发展中条块分割、学科分离、技术单干、行为割据的还原论趋势,实现景观整合性、代谢闭合性、反馈灵敏性、技术交叉性、体制综合性和时空连续性。营建一种多样性高、适应性强、生命力活、能自我调节的生态关系。

东西方的生态观不一样，反映了两种文化。我们看中国画和西洋画，源于欧洲的西洋画人物居多，突出的是神，神实际上是人的代表，以人为本。中国画山水居多，基本上是自然景观背景下的情景交融，人处在次要地位，顺天承运。西方的教堂、城堡高高在上，雄视八方，以人为核心。水以喷泉居多，自下而上，自内而外，显示人类改造自然的威力。中国的庙宇、宫殿是躲在山谷里、城墙内的，是青山绿树遮掩的，泉水潺潺潜流，自上而下，自外而内，显示道法自然的理念。西方文化导致了工业文明，是一种开拓竞生型海洋文化，高效而欠和谐；中国传统文化导致了农耕文明，是一种循环再生型山水文化，持续了数千年，稳定而低效。

生态强调和谐而不均衡、开拓而不耗竭、适应而不保守、循环而不回归。

三、生态：融汇真、善、美的一种理想

第三部分讲讲未来，生态是融汇科学的真、人文的善和生态的美的走向可持续未来的一种理想。

生态文明新时代的内涵，一个是社会要小康，即机制体制要健康，结构功能要高效，供给需求要平衡，生命周期要循环。为什么要康，康是物质生活殷实、自然生态健康、精神生态文明。为什么是小，我们国家受到人口、资源、环境和工业化及社会主义初级阶段的限制，现阶段只能小康，不能大康。

生态要中和，就是竞生、共生、再生、自生机制的整合。社会、经济、政治、文化、环境要五位一体，污染防治、清洁生产、产业生态、生态政区和生态文明五策同步。为什么是中和？中和是中国的传统文化。中是指中正与庸常，任何生态因子过多过少、任何生态过程过激过缓、任何生态结构过单过多、任何生态机制过强过弱都是对永续发展有害的，利导和限制关系要取中。和是指整合与和谐，结构、功能要整合、局部整体要协调、正负反馈要平衡。

图2是明朝成化年间，宪宗朱见深登基不久绘制的《一团和气图》，作于1465年。粗看似一笑面弥勒盘腿而坐，体态浑圆。细看却是三人合一，左为一着道冠的老者，右为一戴方巾的儒士，二人各执经卷一端，团膝相接，相对微笑。第三人则手搭两人肩上，露出光光的头顶，手捻佛珠，是佛教中人。作品构思绝妙，人物造型诙谐，用图像的形式揭示了儒、释、道"三教合一"的主题思想。其实，中国人本质上不信宗教，儒、释、道与其说是宗教，还不如说是学说。中国文化高度包容，三教一体，九流一源，百家一理。当代世界的经

济、社会和自然生态危机,不是单一的市场经济、社会主义和绿色发展机制所能解决的。

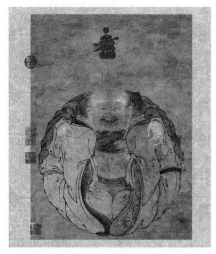

图 2　一团和气图

　　建设中国特色的社会主义就是要把图 3 左边经济发展的"钱",政治管治的"权",自然演化的"能",人文归宿的"神",以及社会发展的人"气",通过生态文明融合到右边的环境经济、政治、文化和社会建设中去,把我们支离破碎的离散世界整合为五位一体的具有中国特色的生态文明世界。只有通过这种革新,才有可能使我们躲过危机,引导地球复合生态系统的永续发展。

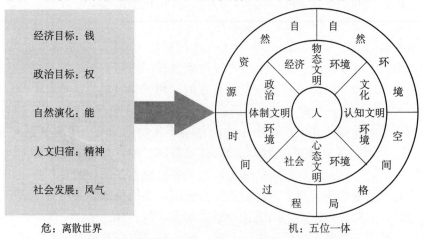

图 3　五位一体的生态收敛

应当指出，生态文明并不等于生态环境建设。生态环境是发展的物质基础，是针对物的；而生态文明是上层建筑，是针对人的，是人和环境之间的耦合关系、进化过程、融合机理与和谐状态，两者不是一回事。生态文明建设是以人为本的观念更新、体制革新、技术创新和文化维新过程，是一场天人合一的产业革命、法制完善和社会进化运动。

习近平总书记在十二届人大闭幕会上的讲话很精彩，提到了中国道路、中国精神、中国力量。中国道路就是将生态文明融入经济、政治、文化、社会和环境建设五位一体的中国特色社会主义道路。中国精神有三：一是科学精神，二是人文精神，三是生态精神。科学精神就是求真、格无、质疑、创新。对将来要从事科学研究的同学们来说质疑是非常重要的，强调用科学的事实来质疑，从中得出创新的结论，推动科学和社会的进化，其核心是一个"真"字。求真的核心就是要推进科学的大智，要从数据、信息、经验、知识上升到智慧。人文精神是儒、道诸子百家合一，功利、道德、信仰、天地境界共荣的扬善、厚德、明诚、包容，其核心是一个"善"字。而生态精神则是顺天拓运的竞生、自生、共生、再生机制，其核心是一个"美"字，即巧夺天工的系统美。

生态系统靠四种力量支撑：资源承载力、内禀开拓力、环境应变力及生态整合力，社会发展需要将能源、资金、权法、精神融合在一起，把四种力扭成一种 1＋1＋1＋1 大于四的合力，而不是相互抵消的分力，这是中国力量的具体表现。

有一次我在美国讲学，与一位美国青年争论。他认为以个人主义和市场经济为基础的西方政治是世界上最好的政治，只要每个人都努力发展好，整个社会才能好。我认为个人和集体利益必须同时照顾到，一方面把个人利益融入集体利益、整体利益，让社会主义的共生机制发挥作用；另一方面又要通过集体利益来激励个人利益，让市场经济的竞生机制发挥作用，二者相辅相成，才是高效和谐的社会生态。

未来美丽中国的美是系统生机的神态美，而不是简单的形态美。中国梦的这种美质是从生态哲学的视野、生态科学的原理、生态伦理的情怀和生态美学的方法去谋划人和自然、社会、艺术的审美关系，构建整体和谐美，协同进化美，循环反馈美和自生刚柔美，这是内在的美、系统的美、生命的美。

未来美丽中国的生态建设，将从以矿物链为主的物态经济向包括生物链、服务链、静脉链、智慧链的五链合一的生态经济过渡。空间格局要从过度密集的特大城市向适度分散的中小城镇过渡，生产工具要从传统技术上升为系统智慧，我们的生活导向要从富裕走向健康，信息反馈要从树状走向网络，社会诉

生态：文明的桥、智慧的梦

求要从公平走向和谐,生态进化追求的是系统和谐而不是绝对公平,绝对公平就是热力学上熵的最大化,结果导致系统的灭绝。

文明是一种素质和行为,包括经济的魂即物态文明、社会的气即心态文明、政治的纲即体制文明、文化的常即认知文明,五位一体建设就是要把生态文明融入这四种建设中去,走中国特色的社会主义道路。

美国克林顿政府执政期间,其可持续发展顾问委员会主席安德森1998年来华做过一个非常精彩的生态产业报告。他是个地毯生产商,但前些年地毯生意做得不好,仓库积压太多销售不出去,他在申请破产前做了社会调查,发现他的地毯生产太刚性,用户对地毯不满意很难挑选,脏了很难洗,坏了很难换,后来企业改变了策略,不再销售地毯,而是为用户提供租赁地毯服务,用户需要什么花色品种的地毯就供应什么,实行个性化设计。地毯脏了定期上门清洗,坏了提前更换。这一改革,企业的租赁业务急剧增长,原来要解雇大批员工,后来不仅没解雇,又增加了几千人,尤其是研究与开发、服务与培训岗位的职工。由此他悟出了一个道理:企业不是生产产品的,而是生产服务的,要适应社会需求的变化去提供常新的服务,最后该企业的地毯租赁越做越火,供不应求。

这给我们一种启发:未来的生态工业,其生产目的有三:一是有形和无形的物质产品,二是围绕产品提供的社会和自然生态服务,三是围绕服务孕育的生产-消费-流通智慧和文化,策划、孵化、文化、经营、监管、研发、培训等才是一个企业最能盈利的潜力股。应当说,当今的工业文明智慧,具有高碳发展、链式发展、科技单科发展、差异化发展、高速发展、脉冲发展和灰色发展的特征,对人类社会具有正负两方面的影响。如何从工业文明初级阶段的机械智慧走向高级阶段的生态智慧,将其负面影响降到最小,需要探索一种能促进低碳发展、循环发展、智慧发展、和谐发展、适度发展、均衡发展和绿色发展的新型智慧及文化,将传统农耕文明和工业文明条块分割的生物链、矿物链、服务链,环境链和智慧链整合为一个全生命周期的系统链,把第一、第二、第三产业,生态环境管理及生态智慧产业融合的复合生态产业。

城市生态建设有很多事可做。比如城市怎么才算美呢? 最起码要净化,即干净、安静、卫生、安全;要绿化,绿化不光是颜色的绿,主要是结构、功能、过程、机制的生命绿;要美化,即整体、协同、循环、自生的生态美;要活化,即水一定要流动、风一定要畅通、土壤一定要肥沃、生物一定要多样化;要文化,即物态文化、心态文化、认知文化、体制文化的传承与彰显。

生态城市建设,我觉得最值得一提的是巴西的库里提巴。30多年前,这个

200 多万人口的发展中城市交通拥堵、环境污浊、经济落后、社会混乱，该市自20 世纪 70 年代末以来把城市规划、土地利用和交通管理融为一体，推进生态城市建设。其市长 Jaime Lerner 是我的好朋友，当了三届市长、两届议长，前后20 多年都在位。他从改革交通建地铁抓起。建地铁没钱怎么办，把地铁从地下搬到地上，叫快速大容量交通 BRT，有固定的站点、时间和专用干道。BRT 干道两边是为低收入人群设计的高层建筑，外面是为中产阶级盖的多层建筑，再远一点就是为富人盖的别墅区。通过交通拉动了产业布局，改善了城市的规划，受到联合国的表扬，这是发展中国家生态文明建设的典型案例。该案例告诉我们未来的城市首先得解决交通的"动脉"、产业的"活力"和社区"宜居"问题。城市生态建设的首要任务是要保障居民有安全的食物、饮水、住房以及空气。我们一些地方的城市改造和建设，倡导的是速度要快，楼要高、路要宽、广场要大和建筑要摩登。其实，城市是一个世纪尺度的艺术品，我们的建设不能那么快、那么粗、那么奢侈、那么随意。中德合作的扬州生态城市规划、建设与改造，就是遵循的细、活、慢、适、俭的生态原则，强调怎么和当地的社区结合，一个社区一个社区地改造，要当地居民人人有活干，事事有人做，把社区内部的生态基础设施配套，文脉肌理整合，生态品质改造，古城交通内幽外畅，最后荣获联合国人居奖，成为城市生态改造的一个典型案例。

　　生活垃圾是困扰各级城市政府的一大瓶颈，全国至今还没有哪个城市的垃圾问题得到有效解决。垃圾可以有机堆肥，可以焚烧发电，可以卫生填埋，需要政府管理、企业经营、社会参与、科技催化一条龙服务，是一项复杂的生态系统工程，光靠哪一个部门或单一技术都是不可行的，比如说社区居民自愿分类了，到清运时各类垃圾又被混合在一起，就挫伤了群众分类的积极性。我们需要的是适应国情、世情和民情的生态管理。比如我们现在的分类，不能指望老百姓去分，可以让每个社区雇一两个农民工，将生活垃圾分成干垃圾和湿垃圾，干垃圾中有用资源可让分拣工拣走，其余分为可燃烧和需填埋两类，分别由环卫部门定期定点定时收集后送焚烧发电和卫生填埋。湿垃圾主要是厨余有机垃圾，将其中的塑料袋捡出后，运用一定的市场机制和政府补贴相结合的办法可将其初步处理回收，由物业收集送园林花卉部门或有机农场作肥料。家庭条件好的可以在厨房备一个小的堆肥桶，实现厨余垃圾不出户。有的家庭买不起这个桶，或没有地方放这个桶，可以在社区挖一个堆肥池或盖一间屋放堆肥箱，如果这个社区一点地方都没有，做不了堆肥时，就运到填埋场去堆肥，实现有机垃圾的循环再生。这样一来，垃圾填埋的量可减少 70%～80%。将生态文明融入到社会建设中去，不能光是社区、企业、科研单位、社会组织和政府部门单打一,要几股绳拧在一起,实现垃圾的减量化、无害化、资源化、产业化和社会化综合管理。

另外,我们城市的水华、灰霾、热岛、雨洪大家都非常关注,其根源在于城市生态基础设施的不配套,是城市管理体制的条块分割、法规政策不健全、监管措施不得力的问题。城市生态基础设施包括城市有机体的肾(城市河流、湖泊、池塘、沼泽等的净化与活化);肺(城市自然植被、园林植被、城市林业、城市农业及道路的绿化与美化);皮(城市地表、建筑物、构筑物表面及道路等工程用地表面的软化与活化);口(污染物排放口、缓冲区和处置设施还原净化功能的完善与整合);脉络(山形水系、风水、生态廊道及交通动脉的通达与活络)。其生态服务功能的强弱决定了城市品质的高低。要把硬化的地表软化、透绿、透水、散热。污水、废气排放口不能光是排放,而且还有一个净化、缓冲、循环、再生的功用,使我们的污染能够在城市内部排泄系统中就减掉一部分,而不只是大量排到郊区去导致更重的面源污染又反过来殃及城区。传统市政建设中,城市道路中间的绿化带大都是高于路面,雨水从绿地流到路面,将各种营养物、污染物、垃圾和尘土都带到排水沟里面去。国外经验都是把绿地建得低于路面和硬化地表,让路面和地表雨水形成的污水,经过绿地净化以后回渗到地下去,地表的营养物质都流到绿地里,多余的水由地下的溢流管排走,使绿地兼备湿地的功能,这就是生态工程的原理。

另外还有新型城镇化问题,乡村城镇化的一个瓶颈问题就是占用耕地与农村生态基础设施建设。最近我们也在和国外的科研部门合作,建设一种具有城市基础设施便利功能、就业充分、生态安全、社会和谐,以城市带乡村、工业带农业、公司带农户、生产带生态的新农村。其目标是实现六个零:基本农田零侵占、污染对外零排放、生态服务零退化、社会交通零拥堵、农民民生零失业、环境健康零致病。住房不是高楼大厦,而是三层的房子,中间这一层是商住,地下一层是作坊和仓库,顶上一层是温室,发展大棚农业,可以种粮食花卉,种瓜果蔬菜,每家每户有菜园、鱼塘和屋顶温室,其生产力高于大田作物50%以上。所有的污水社区内部处理不外排,无水厕所但没有臭味、蚊蝇和感官问题,粪尿是分离的,腐熟后还田,生活用能全是太阳能、沼气能、地热能等可再生能源。

四、小结

生态的"生"字,由人加土构成,是欣欣向荣、从土里面萌发出来的生;

繁体字的"态"是心加能，心代表人，是主观，能源代表自然，是客观，要在自然承载能力的范围内把心或人调动起来。生态的生是开拓竞生、整合共生、循环再生、适应自生；态是物态谐和、事态祥和、心态平和、智态睿和。生态文明就是物竞天择、道法自然、事共人和、心随文化。

十八大报告提出的五位一体的"一"，就是要把生态文明融入社会、经济、政治、文化建设里面去，走天人合一的中国特色社会主义道路的"一"；实现生产高效、生活富康、生态和谐的三生融一，即发展是硬道理的"一"；工业化、信息化、城镇化、农业现代化四化归一，即城乡一体化的"一"；环境保护的污染治理、清洁生产、生态产业、生态政区、生态文明五策同一的"一"，推进社会主义新时代美丽中国的早日建成。

最后，以我 2008 年在海南写的一首小诗送给同学们，结束今天的报告。

生态之歌

蓝天、天蓝，
　　　天是梦、是道、是神；
白云、云白，
　　　云是气、是德、是能。
蓝天深邃、浩瀚、豪爽、犀睿；
白云自由，超脱、飘然、清纯。

碧水、水碧，
　　　水是源、是媒、是情；
绿地、地绿，
　　　地是基、是母、是文。
碧水晶莹、甘醇、执著、柔韧；
绿地青活、野趣、博大、精深。

水、土、气、生、矿，
　　　是天形之、育之、蓄之，
道法自然，物竞天生；
绿、蓝、红、白、黄，
　　　是人损之、益之、化之，
　　　心随文化、事共人成。

红脉、脉红，

　　　脉是有、是纹、是青春；

清心、心清，

　　　心是无、是镜、是老成。

红脉燃烧、开拓、涌动、奔腾；

　　　清心淡泊、和善、包容、永恒。

　　生，出于土，而制于人；

态，归于心，而萌于能。

　　　为学日益，

　　　　生态集哲学、科学、工学、美学之睿智；

为道日损，

　　　生态化物间，人间、时间、空间之隔层。

生之态，绿韵红脉，

　　　竞生、共生、再生、自生，

　　　生生不停；

态之生，经时纬空，

　　　物态、事态、心态、智态，

　　　态态恒更。

科学之精，

　　　唯君有灵；

人文之气，

　　　于斯为盛；

华夏之梦，

　　　离尔无成。

碧水蓝天要靠政策和科学

许志宏

化工冶金过程专家，博士生导师。20世纪50年代师从叶渚沛院士，研究氧气转炉冶炼技术和复杂矿的综合利用。60年代，在实验室进行小试、中试，培养出我国第一代工业氧气炼钢厂的一批骨干炉长。70年代初，接受化工部委托，组织全国各个主要化工设计院的力量，展开我国第一次化工流程模拟系统软件开发的会战。80年代，在中科院范围内，参加组织了在我国建立数值型、智能化的科学数据库系统。组织和主持了多种工程化学数据库的建立，并在实践中应用。代表中国参加国际科学数据组织（CODATA），担任国家代表，开拓了我国与技术先进国家科学数据的合作。21世纪，从事关于能源工业流程的开发研究与咨询工作。例如，提出了氢气和清洁气体能源的开发和利用的思路；建议扩大我国清洁气体能源的开发领域，如天然气及其水合物、煤层气、页岩气等，同时提出利用我国高炉过剩产能，改为加压造气炉，制造高热值煤气或氢气，进行IGCC发电；提出了超高温蒸汽裂解的新思路，将煤、页岩、废聚合物中的可挥发物，回收和裂解利用；提出在煤气化厂和钢铁厂内，利用模拟移动床的新技术，回收大量高温工业余热发电等流程。

50 年前,新中国成立后第一个五年计划开始实施。在起步时,技术主要依靠苏联"老大哥"。35 年前,我国工业开始起飞,主要靠十一届三中全会的"改革开放"政策。现在,我国工业上取得了巨大成就,被一些人誉为"世界的制造工厂",但同时也出现了人民对碧水蓝天的渴望,实现它需要靠国家的政策和工程科学。下面拟举出几个实例与大家讨论。一是帮助我国加速发展清洁的和可再生的能源;二是帮助改造一些产能过剩和原料不足的重工业;三是将工业产生的有毒污染物、大气雾霾、CO_2 排放消灭在生产过程中。希望能与国家的政策相配合,使人民"碧水蓝天"的愿望早日实现。

一、50 年前工程科学争论的一些往事

50 年前,苏联援助我国 156 个工业项目,奠定了我国工业的基础。在执行中,发生了我的老师叶渚沛院士和苏联顾问的两项争论:一项是全国应该建立大平炉,还是建立氧气转炉?另一项是包钢的规模,应该建立大钢铁厂,还是建立以当时稀土的需要量为目标的小钢铁厂。冶金部根据苏联专家的意见,决定在全国建立大平炉。但在聂荣臻副总理和国家科委的支持下,叶渚沛院士与首钢的安朝俊厂长、黑冶设计院的孙德和总师等同志协作,在部领导不支持、不反对的状态下,在首钢独立依靠自己的实验,建立起我国第一个氧气转炉炼钢厂,继而使其在我国得到应用并发展壮大。到 20 世纪后期,全世界(包括我国)宏伟的大平炉因为浪费能源,已全部被拆除,退出了历史舞台。至于包钢的规模,还是按照苏联专家的意见办了。目前那里含大量稀土的铁矿石已经不多了,人们需要从炉渣中再次开发稀土资源。从历史的角度讲,我国自己的一些有远见的科学家,还是为国家尽力了。

二、"改革开放"促进了我国工业的大发展

35 年前,我国开始执行"改革开放"政策。各省、自治区考核的一个重要指标是 GDP 的增长率,工厂和公司考核的主要指标是利润率。这样,我国的经济年增长率如脱缰野马。国外的资本和技术相继进入中国,我们的产品也行销到全世界,国外很多人称我国是"世界的制造工厂",这些都是我国执行改革开放政策的伟大成就。

但随之而来的也有一些副作用,主要是能源、原料和环境问题。在西方,很早也曾出现过污染问题,后来他们制定出严格的排放标准,并且不断提高标

准的要求。这样，他们工业化初期的一些"雾都"（即雾霾），如伦敦、洛杉矶等大城市先后都被解脱了。西方发达地区的能源结构，也逐步从以煤为主，转化到以天然气、石油、水电、核电、可再生能源为主。

我国到目前为止，主要的能源还是靠从地下采煤。65％～70％的电力靠直接燃煤电站产生，总的热电转换效率不太高，大部分在30％～33％。此外，农业秸秆因为收入不多，不少地方就地焚烧。同时我国汽车数量快速增加，接近甚至超过美国，而油料的标准又低于西方。这些因素加起来，使环境急剧恶化，所以我们迫切希望重见"碧水蓝天"，在重灾区京津冀尤其如此。

今后我国需要继续向前发展，需要进一步实现农业机械化、居者有其屋、国防现代化、走向深蓝、走向世界、走向太空，这些都会给我国的能源结构和原料来源提出更高的迫切要求。

三、提高清洁能源的比例和节油

氢气和甲烷是清洁的化学能源。我国天然气的地质开发工作，需要不断提高科学技术水平，全力以赴。美国3亿多人口，天然气年消耗量约在7000亿立方米，其中包括页岩气约1700亿立方米/年。我国13亿多人口，今年天然气的使用量，仅为1490亿立方米，其中很大一部分还需要靠进口。

几年前，美国也是天然气的进口大国。现在，由于页岩气地质开发技术的突破，天然气不但达到自给，还有可能出口。页岩气开发技术的突破，主要包括页岩气的地质成因和地质学的构造理论。他们认为在地球上的造山运动过程中，岩石中间也会有天然气（现称为页岩气）和油页岩的构造存在。利用高速运算的计算机和软件，找出可以提供开采页岩气的构造图。此时人们就可采取多种新的页岩气开采方法，如打串井、地层压裂等技术，最近几年，美国的页岩气开发年增长率达到30％以上。

对于我国页岩气的开发，我们认为也应参考我国进行两弹一星时的政策，采取全国一盘棋的方针。那时，除了中国科学院内的科学家，还统一调动了全国的技术力量，组成了攻关队伍，在很短时间内，就突破了所有的技术难关。

目前，我国各个大财团和企业，都拥有很强的技术力量，但都各有所长，也各有所短，似乎缺少独立开辟新能源的关键技术和编程能力。如何组织各交叉学科、各公司、各部门的技术力量，突破页岩气和油页岩开发所需的关键技术？我们认为我国需要建立一个开发清洁新能源技术的统帅部，它不是只管分发科研经费，而是要拿出具体的、可提供开采使用的地质构造图和相应的软件。

当然在自己未掌握技术和专利时，也可以引进外援，甚至购买国外的商业性软件，但最主要的是要加速培养起自己的工程科学队伍，积累自己的专利，学会软件的使用和独立开发编程的能力。

地球上甲烷冰的储量也是巨大的。几十年前，国际上已经在进行试探性的开发研究。在我国南海和青藏高原地区，资源都有所发现。对甲烷冰的开发，我们也需要组织自己各个方面的工程科学技术力量。一般来讲，海洋中甲烷冰的存在需要有一定深度，如从几百公尺到1000公尺左右或再深一些的平缓海底。

从工程科学的角度看，从深海底部开发出一种气体能源，需要突破现有的一般产品的"专业分段制"开发模式，即：地质上给出甲烷冰的构造图；开采人员负责将之从地下或海底溶化，提升到水面上；气体运输人员接手，将之再液化，作为商品出售；最后再辗转运输到最终用户手中。经过几次转手和买卖，当它到达最终用户时，资源本身很多潜在的位势已有很大损失，价格甚至增加好几倍。为此，需要采用跨学科、跨地区的"点到点"（即从海底到用户）直接开发新的清洁能源的方式。

从热力学、过程工程学的角度，我们提出"点到点"的方案是：

1) 建设两条高压管线，一条是向海底通入高压过热的热水进行溶冰，一条是取出携带淡水的高压甲烷气体，上升到海面平台；

2) 在海底用一个普通的钢制储气罩，覆盖在甲烷冰层上部，当注入热蒸汽时，此罩内可得到高压的甲烷气体和淡水，它被聚集和控制在一定范围内；

3) 地下的甲烷气体在高压状态下，被送到开采船的平台上，经过脱水后，稍调整压力，装入约150个大气压的标准气罐中（暂定为三种罐型，各为1、3、10立方米），直接供到终端用户；

4) 在开采船的平台上，需要装一个使用甲烷气为燃料的中型联合循环发电装置，为高压气体装罐提供补充调整的压力，为注入地下融冰提供高温高压热源，为全船提供动力；

5) 将几种标准尺寸的气罐直接连接到各类驳船上，它可以直接成为远洋海船的加气站，也可直接运到岸边的港口、工厂，或不经转手，直接经过物流系统，销售到用户手中。

这样即可作到几方面的节约：

1) 海底产生的甲烷气体，本身是高压状态的，例如1000公尺下的甲烷约为100个大气压，经过调压操作，统一变为150个大气压，装入标准罐；

2) 把各种不同大小的气罐分别放在不同的驳船上，大罐主要是为航行船舶和火车使用；

3）驳船也可以将之直接运到附近的城市和港口；

4）随着高压甲烷气体携带上来的淡水，可供开采船发电使用；

5）在联合循环发电站中，高温水蒸汽中的一部分热，可以注入到地下，作为开采溶冰的热源。这就是过程综合"点到点"开发的一个总体构思。

对于青藏高原上甲烷冰的开发，可以按照上述原理来建立相应的装置。其不同处是在进行开采时，可以先溶出甲烷冰中的甲烷气，随后将地面上收集的工业 CO_2 通过管路直接运到开采井口，在采出甲烷气后，再将 CO_2 压缩进入地下，形成 CO_2 冰，进行长期的地下储存。

四、过程工程学可帮助解决石化行业原料不足的问题

石油化工行业的生产能力快速增长，各省市都在拼命争取 1000 万吨/年的大炼厂、100 万吨/年大乙烯厂的大项目。但限于我国进口的油品大多偏重，常常提炼不出供给石油化工行业所需的轻质石脑油原料。所以石油化工厂有时一方面半负荷开车，一方面又需要大量进口聚合物成品，以满足市场需求。

为了应对轻质石脑油不足的问题，中科院过程工程研究所多相反应国家重点实验室开发了利用氢氧燃烧，产生的超高温 H_2O 蒸汽，直接使用各种油品，包括各种馏份油、废聚合物等，作为裂解分离原料生产乙烯。这有可能帮助解决国家轻质石脑油严重不足的问题，参见图 1。

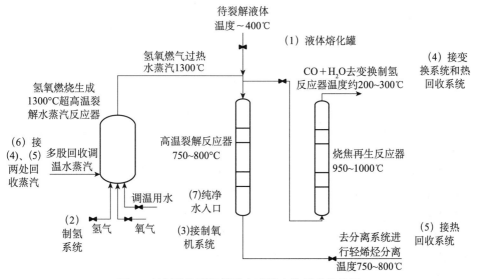

图 1　氢氧燃烧裂解烃类和废聚合物示意流程图

但在目前这还只是实验室规模,要想真正解决我国轻质石脑油不足的大问题,按照传统模式,至少还需要再做两、三次的工程放大实验。初步估计,如若顺利,最快也需要十年到十五年的时间,主要是需要履行一次又一次冗长的新技术的申请和审批手续,这也是我国很少有自己创新流程的一个主要原因。

为此,我们提出一个新的设想,有可能加快上述进程。即先在实验室证实原理上可行,经过充分论证,即可直接转让到大国企中,由企业考虑是否应继续进行工业性的研究和探索。据我们所知,国家领导已经提出了工业性实验应该以大企业为主体的方针。但在具体执行上,可能还不是很容易,因为大国企的领导不一定会对具体流程创新的技术问题感兴趣。

目前我国大国企的领导大都很忙,他们有很多大事,如资源、市场、利润、贷款、攻关、环保等,都需要及时去考虑和处理。一个具体流程创新的技术问题,可能排不上领导们的议事日程。所以我们现在又在思考,先从废聚合物再循环的角度切入,看能否从环保经费中,拿出一点点经费支持大国企,然后再去探索解决全国性裂解原料不足的问题。

五、合理推广使用清洁燃料或电力开车

近年来,全国雾霾天气灾难频发,它提醒我们,只靠一般性管理是不够的,必须从它产生的源头下手,首先应利用清洁的天然气代替汽油、柴油。

从技术和经济上看,这是一个难度最小的减轻雾霾的方法,因为它在经济上有利可图。例如,在我国很多中小城市的私营出租小汽车,已经使用天然气作为燃料,这样可以增加车主个人的收入,主要困难是更换气罐比较麻烦。希望相关部门领导人,能将之作为解决国家雾霾的一个重要手段,提倡和促进天然气高压气罐的规范化、系列化和便利化。那时,特大城市中也能推广使用,它既可大量节油,又可大幅度减少雾霾、增加收入。当然,为了达到此目的,国家也需要制定一整套办法,并和汽车生产厂家协商,真正作到便利化更换气罐。

第二个重要的方面是在未来建立中型卫星城时,要探索建立一些以天然气为原料的中型发电站(10 万~30 万千瓦)。它的功能应该是多重的:①利用燃气轮机和蒸汽轮机联合发电;②规模要适中,效率要提高,总热电转化率至少要达到 50%以上;③冬日以热水方式向各周边地区供暖;④夏日以热水方式制冷;⑤发电容量应该基本上满足本区域内使用,其发电的价格应该按网络上的电价计算。

这样，既可以大大减轻新区电网的负荷，又可以大幅度减少城市的雾霾。在居民区，特别是新建小区规划时，应该增加此项内容。但北方地区用户单独直接用天然气烧锅炉取暖的方式不应提倡，它所使用的气体价格应成倍地提高。

第三个重要的减少雾霾的方式是国家下大决心，促使超级电容-电池（包括氢燃料电池和锂电池）规模化生产技术早日过关，代替城市内的汽油、柴油汽车。这是一个大的战略性举措，不能完全靠市场经济去完成这项高科技的快速推进和发展。国家需要下定决心，从解决高科技产业入手，进行试点，争取成为世界上第一个能够批量地、经济地实现电力驱动汽车的国家，相信它会与高铁的推广有同样重要的意义。

六、将过剩的现代化大高炉改为造气炉（IGCC）

以煤为主的能源结构是东部地区雾霾污染的重要原因之一。国家必须说服电力企业的领导层，积极与冶金部门配合，大力开发 IGCC 发电站（即先气化后发电）。从现在就停止新建直接燃煤型电站，逐步淘汰总热电转化率过低的电站。

我国目前大型钢铁企业的现代化高炉，大约有 7 亿～8 亿吨/年的炼铁生产能力。此后，社会再循环的废钢不断增多，钢铁厂所需铁水的比例，必定会逐渐下降，所以今后会不断出现一些大型现代化高炉的产能过剩问题。如果能利用高炉来快速发展我国的 IGCC 发电产业，将会是一个少花钱多办事的大好事。

这些现代化的过剩大高炉，一般都有铁路的运煤专线直接进入钢铁厂的料仓。如将它改为大的造气炉，就可以直接成为建立 IGCC 电站的气源，从而大幅度减轻甚至消除高速公路用汽油、柴油运煤的落后现象和其对公路严重的破坏。

为此，我们建议冶金界在高炉压产方面，应该提出一个高炉改造气炉的"三改一"或"二改一"的方针。选择一些有进取心的大型钢铁厂，鼓励他们主动采用多元化的经营方针进行试点。即一方面实行一些钢铁厂的限产、压产任务，一方面又可以帮助我国 IGCC 发电工业大发展。这样，整个企业的经济效益不但不会降低，而且有可能带动我国 IGCC 发电工业的发展。

目前的 IGCC 发电，我们是采用 $CO+H_2$ 来进行联合循环发电，它的总热电转化效率与直接燃煤电站的效率相近。随着新技术的不断采用（拟分三步走），有可能将之提高到 $40\%～42\%$。如果将来国际上议定直接燃煤要上交炭税，那时就可以方便地采用水煤气变换反应 $CO+H_2O \Longrightarrow H_2+CO_2$，将 CO_2 分离出来,永久封存在地下废矿井中。事实上我们就采用了世界上最洁净的氢能发电,另外也可以向市场上供应标准化的可以驱动汽车的氢气罐商品,参见图2。

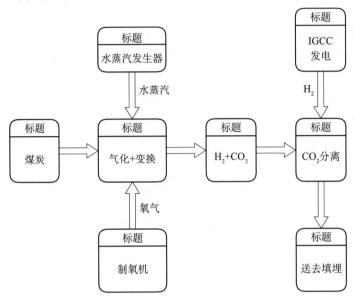

图 2 煤炭采用 IGCC 方法发电的流程示意图

七、高炉转产技术上需要解决的一些主要问题

为什么要鼓励一些有进取心的大企业家,来实现将产能过剩的大高炉改造为大造气炉,去实现"三改一"或"二改一"的方案?这是因为有几个重要的技术问题需要解决:①高炉改为造气炉必须全程用氧,增加一台大型制氧机,这个技术在世界上和我国都已经得到解决,但是对于我们一般的高炉工作者还有些陌生,领导人要勇于学习使用新技术;②我们提出了利用模拟移动床原理,解决高炉顺行问题,同时将气化时的热效率,从目前的 70%~75%(几个化工气化方法)提高到 80%~85%;③高炉是一个移动床作业,要求炉料有足够的强度,并需要有一些实验室研究合理的配方;④非结焦煤中的可挥发份平均为 10%~15%,经过热态提取,可得到煤焦油副产品,它既可作为化工产品的原料使用,又需要在软熔带出现时,对高炉操作采取相应的措施;⑤产生的 $CO+H_2$ 气体中含有杂质,可以通过闭路再循环冷却方式,对杂质进行清除,使 $CO+H_2$ 发电时尾气清洁纯净;⑥大型的燃气轮机,在我国还需要努力自己去解决,相信这

只是一个时间上的问题。

凡是领导机关或企业家感兴趣或有需要时，我们愿意参加对上述有关技术问题的讨论，为我国高炉压产探索更为具体的、积极的解决方案。

为了从根本上解决严重的大气雾霾、钢铁产能过剩、IGCC 发电效率提高和发展问题，建议由国家工信部组织建立一个由国家发改委、国家科委、环境部、中科院、工程院、发电业大国企、冶金业大国企、化工业大国企所属的设计院组成一个过程工业改革技术评估小组，对上述方案进行系统研究落实。简单进行压产、限产，不如鼓励、推动去进行技术再改造和创新，希望尽可能将"消极"因素转化为"积极"因素。

八、促进工程科研大发展的两种模式

过去有一句名言："任务带学科"，这是正确的，但不太全面。后来又有"任务带学科，学科促任务"。这很好，但实现起来还有一些困难。

我们认为，科研大发展可能有自上而下和自下而上两种模式：前一种模式涉及人数不多，主要是国家领导人、大企业家、大科学家。他们应该都有各自的智库（其中有"伯乐式"的人物），能从人类技术进步角度出发，提出和支持自然科学的大发现、大发展。远的不说，近期的，如万维网络、新能源开拓和驱动、太空计划、两弹一星、裂变和聚合能量发电等；后一种模式涉及的人数众多，包括大量的研究技术人员，但他们需要建立一种机制去鼓励和支持，才能有所作为，否则自下而上模式，会不太通畅。

以下举几个近代技术科学史上的实例来说明一些问题。

20 世纪 70 年代，日本依靠钢铁的"三大"技术，使钢铁生产成本低于美国10%～15%，美国钢铁产量从 1 亿多吨/年，降到了 6000 万吨/年以下。到了 80年代，美国科学家根据美国的优势，提出了 Mini-plant 计划，才又逐步挽回了颓势。

最近世界上开始出现了很多创新思维，如页岩气革命。美国人在一些岩石间隙中，发现有大量的天然气的构造存在。它依靠交叉学科的发展，使美国从一个天然气进口大国，一下子变为出口国。

另一个例子是，丰田汽车公司发明了油-电混合汽车，可以节油 20% 以上，于是得到了世界上很大一部分汽车的市场份额。但是最近世界上又出现了超级电容-电池（包括氢燃料电池和锂电池）汽车，在技术上很有可能解决城市大气的污染。我们中国是大气污染的最大受害国，希望将来能转化为世界上第一个以电动汽车为主的国家。

同样,海底和地下的许多能源,如煤、页岩气、油页岩、甲烷冰、油砂、泥煤等,我们很希望将来这些资源的开发过程能有大的创新,不再用人工体力劳动,而是直接、自动地使之变为清洁气体、液体能源,从地下开采出来,为人民服务。但是要想将它变为现实,还需要过程工程科学与地质、开采科学协力,进行新的"愚公移山"的科学规划。

亚洲沙尘暴

张小曳

中国气象科学研究院研究员、博士生导师。长期致力于大气气溶胶研究，关注其与黄土堆积、亚洲沙尘暴和雾-霾的联系及其气候效应与环境影响。是1998年国家杰出青年科学基金获得者、2013年首批国家万人计划-百千万人才工程领军人才、两期气溶胶"973"项目首席科学家。已发表学术论文210余篇，其中SCI收录文章100余篇，并被大量引用。曾获国家自然科学奖二等奖、三等奖，中国科学院自然科学奖一等奖，中国气象局研究开发一等奖，陕西省科技进步奖一等奖等多项国家和省部级奖励。

曾任世界天气研究计划/国际沙尘暴计划-科学指导委员会主席、国际环境污染和大气化学计划-联合科学指导委员会委员、国际全球大气观测计划/气溶胶-科学咨询委员会委员。为政府间气候变化专门委员会（IPCC）第四次和第五次评估报告有关气溶胶章节执笔人之一、第五次评估报告综合报告评审专家、SCI期刊 *Tellus B* 编委、*Atmospheric Research* 副编辑、中国气象学会大气成分委员会主任。先后任中国科学院地球环境研究所研究员、博士生导师、副所长，中国气象科学研究院副院长，曾兼任中国气象局大气成分观测与服务中心主任。

沙尘暴是一种灾害性天气现象。在我国北方和邻近的亚洲国家频发的沙尘暴，也称为"亚洲沙尘暴"，它严重威胁人民的健康及生活质量、社会经济的发展，以及国土和生态安全。公众特别关心亚洲沙尘暴的源区在哪里、每年有多少沙尘被释放到大气中、它们的输送、沉降及变化全过程有什么特点。本文以中国科学院黄土与第四纪地质国家重点实验室气溶胶团队的研究成果为主要依据，结合国内外研究的积累，介绍了亚洲沙尘暴的形成与发展的特征。

一、亚洲沙尘暴的源区

说起亚洲沙尘暴，人们首先应了解的是其中的主要物质——亚洲粉尘。在全球对流层大气的颗粒物（学术上也称为气溶胶粒子）中，约有 50% 是粉尘气溶胶，它们主要来自沙漠及其边缘地区，即我们通常所称的"粉尘"、"矿物气溶胶"。亚洲粉尘是指主要源于亚洲、在北半球中纬大气中的粉尘气溶胶粒子。以往的观察和研究认为，亚洲粉尘的主要源区集中在中国的干旱、半干旱区，但其具体的空间分布并不清楚。位于半干旱区的中国黄土高原是不是亚洲粉尘的主要源区？青藏高原的情况如何？这些均是在 20 世纪 90 年代之前还不清晰的问题。

中国科学院黄土与第四纪地质研究室、国家重点实验室气溶胶研究组从1990 年开始对黄土高原、中国 9 个主要沙漠、中国历史降尘区，以及青藏高原近地面层大气气溶胶的理化特征进行了观测与分析，通过粉尘元素获得的粉尘气溶胶大气质量浓度空间分布的结果显示，中国内陆粉尘气溶胶日均载荷最大的区域在中国沙漠，约为 270 微克/米^3，黄土高原次之约为 170 微克/米^3，青藏高原最小。粉尘沉降通量的双层干沉降模式和雨水清除比率的湿沉降模式计算也显示出类似的结果，即沙漠最高，约为每年 410 克/米^2，黄土高原次之，约为每年 250 克/米^2，青藏高原最小，约为每年 100 克/米^2（其中由高空西风携带的非中国沙漠的远源粉尘约 21 克/米^2），显示出青藏高原不具备粉尘源区的条件，黄土高原相对于沙漠也应被视为亚洲粉尘的一个重要内陆沉降区。

1994 年春季粉尘气溶胶沉降通量在中国沙漠的空间分布表明，沙漠区存在两个粉尘地-气交换活跃的区域。它们的中心分别位于塔克拉玛干和内蒙古北部沙漠及其邻近地区，表明亚洲粉尘的主要源区分布在中国西部沙漠及其以北地区和中国北部沙漠及其以北地区，被称作中国西部沙漠源区和中国北部沙漠源区。

通过进一步提取中国沙漠、远源西风粉尘和黄土区大气粉尘的元素示踪特征，并使用化学质量平衡模式计算各个可能的源区对黄土区现代粉尘和末次冰期旋回黄土-古土壤物质的相对贡献，不仅发现了具有高粉尘通量的中国西部沙漠源区和北部沙漠源区，以及远源西风粉尘的元素示踪特征在统计上显著不相关，而且证明了黄土区现代粉尘、黄土-古土壤的主要物源是中国沙漠，而远源西风的贡献在末次冰期旋回的各个时期均不超过5％，明确指出了中国沙漠是亚洲粉尘的主要源区，并最早于1996年划分出源区的具体分布（成果发表在《中国科学》）。后又将数值模拟与观测记录相结合，完整获得亚洲粉尘10个源区的分布（图1），其中以中国塔克拉玛干沙漠为主的中国西部源区（S4）、以内蒙古北部巴丹吉林沙漠及其邻近地区为主体的中国北部源区（S6），以及以蒙古国南部沙漠为主体的源区（S2）可视为亚洲粉尘、黄土高原黄土三个最主要的源区，它们分别贡献了亚洲粉尘总释放量的约21％、22％、29％（共计超过70％）。

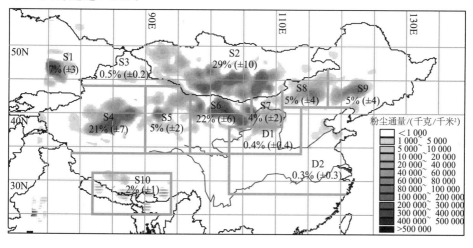

图1　亚洲粉尘的源区（S1～S10）分布图[1]

二、每年有多少亚洲粉尘因风蚀过程被释放到大气中

尽管从卫星反演的气溶胶指数看，在以中国为主的广大区域中亚洲粉尘载荷较大，尽管对全球粉尘的释放量已有一个大致的估算，但20世纪90年代中期之前对亚洲粉尘释放量的估算，并评价其对区域、半球，甚至全球贡献的工作却几乎没有。仍然是来自中国科学院黄土与第四纪地质研究室气溶胶研究组的研究，获得了亚洲粉尘释放总量（约为800百万吨/年，范围为500～1100百万吨/年）约

相当于全球粉尘释放总量(约为 1500 百万吨/年)一半的认识,表明亚洲粉尘对全球大气有重要贡献。其中在沙漠区重新的沉降量(240 百万吨/年)约相当于亚洲粉尘释放总量的 30%。黄土高原和中国历史降尘区沉降量的总和约相当于释放量的 20%,在这些内陆沉降区中黄土高原的沉降通量最大,约为 250 克/米²/年。约有一半的粉尘 400 百万吨/年输往遥远的北太平洋及其以远地区。

三、亚洲粉尘不同尺度和不同气候状况下的输送特征

如上文所说,释放到大气中的亚洲粉尘通过输送,会长距离飘洋过海,也会近距离沉积在黄土高原。有关黄土物质的输送,20 世纪 80 年代前关注西风带的作用,后又强调了亚洲冬季风的影响。美国学者在研究了西北太平洋上空粉尘气溶胶后发现,高空西风是亚洲粉尘输向太平洋等区域输送的主要营力,且太平洋上空粉尘大气载荷峰谷与中国沙尘暴发生的频次相关。但亚洲粉尘从源区向其邻近的黄土高原区域传输营力及过程如何,在不同气候状况下的输送方式如何,则是需要进一步认识的问题。

通过现今沙尘暴和非沙尘暴过程中粉尘元素(Al、Fe、Si、Ti 和 Ca)全年向黄土高原输送量的比较,发现两个事实:①干沉降对年总沉降量的贡献远大于湿沉降,湿沉降只贡献总量的大约 7%;②全年的干沉降量中来自非沙尘暴天的贡献总和远大于春季的几次沙尘暴的贡献,如,全年"正常"输送一般是沙尘暴挟带粉尘量的 6~39 倍。非沙尘暴天是指那些在接收区没有例行的沙尘暴报道的正常日子。第 2 个发现出乎人们的预料,因为它与沙尘暴控制着黄土搬运的通常看法不同,也与粉尘向北太平洋输送受沙尘暴控制的观测结果不同。

现今粉尘气溶胶的观测表明,其浓度-粒度分布可以分解成 3 个分别呈对数正态分布的粒度段:20~200 微米、2~20 微米和 0.04~20 微米。张小曳等在洛川黄土中检出了这 3 个分别呈对数正态分布的粒级组分,并认为粒子直径大于 20 微米组分与沙尘暴或中-强程度的粉尘输送有更大的联系,2~20 微米粒子是通常状况下粉尘输入的结果,而小于 1 微米组分则代表的是本底粉尘气溶胶加上再作用过程所产生的细粒子。

为了进一步评价沙尘暴和非沙尘暴过程在亚洲粉尘输送过程中的作用,他们又比较了现今沙漠区域的沙尘暴粉尘、非沙尘暴粉尘与黄土高原中部风成黄土、古土壤的浓度-粒度分布,发现在气候比较温暖和潮湿的地质、历史时期,粉尘向黄土高原的输送多在非沙尘暴状况下完成。这也与观测到的全年粉尘向

黄土区的沉降通量不受控于沙尘暴过程的观测结果相吻合。基于上述观测结果他们认为，在气候相对温湿的间冰期沙尘暴粉尘的输送相对于非沙尘暴粉尘对于黄土的贡献是不重要的。

相反，现今源区的沙尘暴粉尘在 3 个粒级段的含量与马兰黄土相类似而与古土壤差别很大，表明大量的亚洲粉尘在末次冰期时向黄土高原的搬运多是在尘暴状况下完成，因而伴随有大于 20 微米粗粒子组分的显著增加。

从近地面层春季亚洲粉尘在中国内陆月平均沉降通量的空间分布可知，粉尘从沙漠输出后在黄土高原形成物质交换较活跃的第 1 个区域，在黄土高原的东南部、华北和东北西部形成粉尘交换的第 2 个区域，而南海海域及部分沿海城市的月通量通常是中国内陆最低的，粉尘从中国沙漠向内陆区域尺度的输送方向为西北-东南向，显示出与近地面层风场一致的方向。这与刘东生先生指出的现代表土的区域分带和马兰黄土粒度在地层中从西北向东南逐渐变细的砂黄土、黄土到粘黄土的区域分带一致。此外，他们还在黄土高原观测到近地面层粉尘代表性元素 Si 浓度大幅下降与东亚季风气候变化的联系。上述现象表明，晚更新世以来亚洲粉尘的区域尺度输送受控于近地面层冬季风，间冰期不取决于尘暴过程，而冰期尘暴的作用明显（这与冰期干冷的气候状况下更多沙尘暴发生有关）。

通过气团轨迹分析可以看出，当代在太平洋看到的频次最高的亚洲粉尘长距离输送方式，是中纬高空西风（位温 305～315K，约为 350～600hPa，大致为 5000～8000 m 海拔）携带中国沙漠沙尘暴粉尘向东输送，到达副热带高压东侧后转向南并逐渐下沉，混入东北信风后最终进入海洋边界层。而在气候类似现今的间冰期，只有发生在亚洲粉尘源区的沙尘暴能将粉尘注入到 5000 米海拔的高空，并由高空西风携带作半球甚至全球的输送。这就解释了为什么在北太平洋所观测到的粉尘与中国沙漠沙尘暴的发生频次联系紧密的现象。

在冰期时，沙尘暴仍可将粉尘注入高空作长距离输送，且对区域尺度输送的粉尘的贡献也较间冰期更为显著。

四、在不同气候状况下亚洲粉尘向黄土区的输送路径会发生变化

通过现今卫星反演的气溶胶指数的空间分布可以看出，不同年份沙尘暴发生的区域在中国沙漠地区有所不同。2000 年尘暴多发生在内蒙古东北部，而往年则在新疆和内蒙古中西部都有频发的沙尘暴。中国黄土作为亚洲粉尘输入的

铁证,仅大面积堆积区的西缘就可延伸至六盘山,而这部分黄土很难被视为是亚洲粉尘沙漠源区东北部的贡献。

通过对黄土记录的亚洲粉尘的研究发现,亚洲粉尘的源区随着气候变化存在千年尺度的"摆动"。通常在相对温湿的气候期,北部源区输出的粉尘量起主导作用,而在相对干、冷的气候状况下,西部源区输出的粉尘增加。这种亚洲粉尘源区的摆动与北大西洋气候事件变化同步的现象,是亚洲粉尘区域尺度输送与大尺度大气环流变化紧密联系的明确和直接的指示,表明尽管输入黄土的亚洲粉尘其源地靠近黄土高原,但这种区域尺度的粉尘输送其实是全球千年尺度气候变化的一环,"源区摆动"序列可视为过去大尺度大气环流长期变化的代用序列。

五、亚洲粉尘的沉降

亚洲粉尘的一部分沉降在黄土高原区域,另一部分长距离输送到北太平洋及其以远区域。基于现今亚洲粉尘在黄土高原沉降通量的估算,将全年源于沙尘暴和非沙尘暴的粉尘干沉降通量相加,可获得粉尘总的干沉降通量。粉尘年湿沉积通量通过每月湿沉积通量的总和估算。在总沉降量估算中,以 Ca、K、Fe 为代表所估算出的湿沉积只占总沉积量的 4.3%～11%,平均约为 7%,表明即使在间冰期气候条件下,大气粉尘向黄土高原的输送仍以干沉积过程为主,而且研究发现其堆积到黄土高原后仅有约不足 10% 的部分发生了改变,这些改变主要发生在小于 1 微米组分的粒度分布上。与遥远北太平洋上空的情况截然不同,在北太平洋上,亚洲粉尘的沉积中湿沉积占有主导地位。

六、天气气候因素和沙漠化因素哪个是控制亚洲沙尘暴的主导因素

沙尘暴自古有之,在亚洲广泛分布的沙漠和沙地被认为是亚洲沙尘暴的主要源区。在 20 世纪 90 年代末一些在沙漠边缘主要由于人为活动产生的新增沙地也被看成潜在的沙源,有研究称之为"被扰动的源地",还有一些研究和报道关注中国干旱区绿洲周边以及农田作为沙尘暴来源的问题,其主要理由是这些区域的表土粒径较沙漠和沙地更细小,更易于粉尘气溶胶的释放。单位面积、单位时间上的粉尘释放量(粉尘释放通量)需要乘以可释放粉尘区域的总面积,才等于粉尘释放总量。通过研究上述这些潜在粉尘源区上粉尘的释放通量,并

与沙漠和沙地对比，还详细估算出各类源区的粉尘释放总量，发现自然分布的沙漠、沙地仍然是亚洲沙尘暴的主要源区，而那些被"扰动的源地"的贡献相对不大。

以 1980 年为界，前 20 年亚洲粉尘释放总量高于后 20 年，且亚洲沙尘暴自 1970 年左右有近 30 年的不断下降趋势，这显然无法归因于中国沙化土地增加的作用，而应该归结为气候变化因素的主要作用。这是因为我国沙化土地确实在这 40 年间有所增加（但新增的沙地面积仅相当于地质历史时期早已存在的约 170 万平方公里沙漠的 6%～7%），如果沙漠化在亚洲沙尘释放总量以及相应的亚洲沙尘暴变化中扮演了决定性的角色，无论是数值模拟或中国气象局的沙尘暴报道均应该呈现出沙尘暴不断增加而不是现在的下降趋势。如果将 2000～2003 年中国沙漠和沙漠化土地视为与过去 20 年相比变化不大或没有变化，2000～2001 年的沙尘暴较之 1999 年及以往水平的突然增加和随之而来的两年下降，也不应该被视为是缓慢发生的沙漠化因素作用的结果。

中国沙化土地明显增加的区域并不在亚洲沙尘暴的关键源区（即图 1 中的 S4 和 S6 区域），决定了沙漠化因素对亚洲沙尘暴活动没有发生重要影响；但在沙化土地明显增加的地区，即使气候变化因素不利于沙尘暴的发生，粉尘释放量仍显示出与沙漠化程度加剧类似的增加特点，也表明了沙漠化在沙尘暴发生过程中起到了一定的作用。但不幸的是我们可以控制沙化土地的扩张，但却无法改变沙漠主体的分布，人力是无法明显影响亚洲沙尘暴的发生与变化的。中国已经沙化的部分区域，特别是降水在 200～400 毫米的区域，有可能在政府大量投资后被恢复到干草原等原来的面貌，但消除了这些沙化土地后中国的沙尘暴能有多大程度的减缓，对我国重要城市，特别是北京的影响能有多大程度的降低值得深思。

七、总结

亚洲沙尘暴的发生向大气中释放了大量的亚洲粉尘，亚洲粉尘在干冷和暖湿的不同气候期其输送与沙尘暴联系的紧密程度不同，决定其长距离和近距离输送的环流和风的系统不同，其在北太平洋以及在黄土高原的干、湿沉降比例不同，沉降到黄土高原后粉尘物质没有发生太大的变化。黄土源于粉尘堆积，中国的黄土-古土壤序列保存了过去有关亚洲粉尘源区位置、范围、释放强度、输送方式和路径等自然循环的大量信息。由于在没有人为扰动的地质历史时期，粉尘气溶胶可能控制着大气中的气溶胶总量，通过黄土研究过去的大气状况及其变化历史,包括亚洲粉尘源地、输送、沉降及大气环流的长期变化等,具有重要意义。通过研究沙漠化和天气气候因素对亚洲沙尘暴的相对的控制作用,发现天气气候因素即使对 20 世纪 50 年代以来的亚洲沙尘暴变化仍起到了主导的作用,尽管人类活动导致的沙漠化因素对沙尘暴有所影响,其增加总量不超过10%,且主要影响的区域不是亚洲沙尘的三个最主要的源区。

参 考 文 献

[1] Zhang X Y, Gong S L, Zhao T L, et al. Sources of Asian dust and role of climate change versus desertification in Asian dust emission. Geophysical Research Letters 30, 2003, 2272

关于低碳转型窗口的几点意见

倪维斗

中国工程院院士，动力机械工程专家，清华大学热能工程系教授。浙江宁波人。1950 年进入清华大学，1957 年在苏联莫斯科包曼高工获工程师学位，1962 年在苏联列宁格勒加里宁高工学院获涡轮机械专业技术科学副博士学位。1990 年被俄罗斯圣彼得堡国立技术大学授予荣誉博士，1991 年被选为国际高等学校科学院院士。1962 年至今就职于清华大学，历任讲师、副教授、教授、系主任、副校长、校学术委员会副主任。曾任国家煤燃烧重点实验室主任，中国动力工程学会副理事长，国家"攀登 B"项目首席专家，北京市科协副主席，国家重点基础研究发展计划（"973"）专家顾问组成员，中国环境与发展国际合作委员会（CCICED）能源战略与技术工作组中方组长，教育部科学技术委员会主任。

致力于研究我国能源的可持续发展和节能问题，获国家教委、电力部科技进步奖一、二等奖，国家科技进步奖二等奖，国家级优秀教学成果奖二等奖。在核心刊物上发表论文 300 余篇，出版著作 6 部。

"低碳转型窗口的几点意见"这个题目比较大,"低碳转型"听起来很玄乎,低碳的定义也不是很清楚。什么叫低碳?高碳?主要是针对现在气候变暖的问题,因为二氧化碳在大气中的浓度不断增加是气候变暖的重要原因之一。二氧化碳是碳的化合物,有相当大的部分都是人类使用化石能源排放出来的,这就叫做高碳。我们希望人类将来的生活,尽可能地把碳的排放减少一点。

能源、环境是人类发展的永恒课题,永恒的课题永远不会结束,需要不断有新的想法、新的思路、新的发展、新的处理。为什么这么说呢?

现在全世界人口越来越多,如今已经超过70亿,再过若干年就要达到90亿,包括我们中国人口也不断地在增加。六七十年前,我们中国人口只有4亿5千万,现在大家知道是13亿多了,人口还在不断地增加。

由于技术的发展,每个人所享受的能源服务也越来越多。坐汽车、坐飞机,冬天有采暖,夏天用空调,这些都要耗费能量。随着技术的发展,比如手机,现在每人一个,一两天就需要充电。手机的屏幕也越来越大,电池坚持的时间则越来越短;乘坐地铁、高铁,出行方便快捷,但都需要大量能源。现在我们生活方便了、舒服了,但是每个人所耗费的能量却越来越多。

那好了,人口增加是第一个,同时每个人本身耗费能量也越来越多。这两个数一乘,乘积越来越大,就使得整个地球来支撑能源的服务越来越难。因为地球上的东西是有限的,它的形成有自己的规律。地球诞生46亿年来所形成资源是有限的,过度的掠夺和使用,将使地球资源与环境不堪重负。地球有限的资源和环境的压力与人类不断增长的生产与生活需求就成了永恒的矛盾,变成永恒的课题。

地球的资源是有限的,这个资源包括矿产资源、环境资源都是有限的,这就是一个矛盾。怎么解决这个矛盾?要靠人类自己的智慧和技术的发展来解决。

刚才讲到人口与其所需资源的乘积越来越大,矛盾越来越尖锐,这次解决了,下次又有新的问题,所以这是永恒课题。我这么来理解,因为它总是不断地发生,不断地解决,这次有一个新技术解决一部分的问题,但长远来看矛盾又尖锐起来。因为人越来越多,每个人需要的能源越来越多,消耗的能源必然越来越大,需求与问题都永无止境。这是第一个想法。

第二个想法,能源问题是国家发展的核心。现在来看,全世界各种动乱、各种不稳定多由能源的问题引起。美国出兵打伊拉克、阿富汗,从根本上来说,也是因为能源。想把中东这些地区把握住,掌握在他的手中,因为这些地方都是能源比较丰富的地方。其他目前的一些纷争,政治上的纠纷,很多也是由能源问题引起的。包括我国目前所遇到的一些领土问题。南海是我们国家的领土,南海为什么现在这么紧张？原来这个事情没有提出来，为什么现在搞成非常大的问题，变成核心利益问题呢？就是因为南海底下有不少的石油资源、天然气资源，是个很大的资源。当然航行本来就自由，但领土属于谁，谁就有开采权，资源就属于谁。

所以，大家如果从能源问题来分析世界上的一些情况，就可以弄得很清楚了。能源问题从全世界来看是政治问题、经济问题甚至是军事问题，南北苏丹现在还在打架呢，因为什么？石油丰富的地方在南苏丹，但油管通过北苏丹从港口运出来，这里两家就有矛盾。原来北苏丹统治全面苏丹，打了这么多年内战，现在独立了，还有很多矛盾。"阿拉伯之春"搞了这么多年，很难说这个春天是真正的春天，现在可能冬天又来了。包括卡扎菲，一代强人，却死得很惨，也是由于利比亚有石油，导致各种矛盾，国内、国外矛盾的焦点非常纠结，后来又有内战。能源问题是全世界一切纠纷、一切事故、一切不稳定的很重要根源。从这里，也给大家提供看报纸、分析时事的出发点。

第三点，整个资源的枯竭问题，我们要有这个概念。现在我们用的能源是不可再生的，是很多很多年以前，若干亿年以前大量的太阳能，变成生物以后，生物沉积，有的是动物，有的是植物，经过地下长期高温高压的作用变成天然气、石油，变成煤。这是多少亿年形成的，一旦没有了怎么办？将来不会一下没有，因为任何东西是越用越少，这是肯定的。少了以后就会动脑筋，人类就会动脑筋，也不会突然一天，比如明天就什么都没有了。不会突然没有，而是越来越少，越来越贵，这是很长的过程，会慢慢地想别的办法。

我的感觉，全世界的资源还是有的，很多资源现在全世界或者中国没有弄清楚。如果我们看一下地质，整个煤、石油、天然气的蕴藏量很多，只是还没有好好开发就是了。

两三年前，俄罗斯开潜艇到北冰洋底下插上一面国旗，来宣示这块地方属于他们，还没有开采，就先把资源给霸占了。所以资源是有的，问题是开采越来越难，这是肯定的，所以开采的成本越来越高也是肯定的。但资源还是有的，北冰洋底下、南海底下有很多石油，将来还有大量的天然气水合物，在冰冻的高原地带有很多天然气水合物，那里有大量的天然气，但开采比较困难。所以本身资源是有的，还有很多年可以延续。

按照现在探明的蕴藏量和现在的开采速度，石油坚持继续开采四五十年是没有问题的。天然气，大概六七十年也是可以的。煤炭开采使用一百多年也是没有问题的。五六十年前就听到这个说法，但是过了这么多年仍然还是这个说法，表示各种资源在不断地被发现。虽然说从那个时候听到这个说法，现在好几十年过去了，石油、天然气、煤炭仍然是还可以再开采使用四五十年、六七十年、一百多年的数字。所以资源是有的，那么所缺乏的是什么呢？所缺乏的是环境容量。因为我们使用这些化石能源，要排放大量的温室气体。目前来看，温室气体（如二氧化碳）会引起全球变暖，引起一系列极端气候的发生，冰山的融化、海平面升高等。这些东西对我们人类来说时间比较短。按照现在的说法，留给人类自己处理的窗口也就是四五十年。你在这四五十年里不去发展低碳，不去节能，不去遏制自己享受能源的胃口，还是不断向地球索取，就可能引起地球本身系统的崩溃。按照现在的速度来说，这个时间只有四五十年。

人类在消耗完地球上的化石能源之前，首先把环境容量消耗完了，引起一系列的可怕后果。四五十年对整个人类或者地球的演变只是一刹那，很短的时间。不抓紧，磨磨蹭蹭，每人的胃口都很大，都想享受得更加舒服，将来人类就会把地球毁掉。

有几个具体的问题，牵扯到中国的，我想应特别加以强调。

一是温室气体二氧化碳的问题。现在中国二氧化碳的排放量差不多已经到了 80 亿吨/年。由于化石能源的利用每年要向大气中排放 80 亿吨的二氧化碳，这个量是很大的，是世界第一，这并不是很光彩的世界第一。现在全世界对二氧化碳都很关注，要求各国减排二氧化碳。中国正处在工业化过程当中，大量的建设、大量的房地产开发也好，大量的基本设施建设也好，都需要钢铁、水泥。同时现在大量的建房需要空调、需要采暖，这些都需要燃烧化石能源，譬如煤、天然气、石油来支撑整个发展。这个量越来越大，引起了全世界对此的关注。

现在地球大气当中二氧化碳的浓度已经从 280ppm 增加到 380ppm 以上，正快速向 450ppm、500ppm 前进。二氧化碳的浓度在空气中增大，犹如给地球盖上一个棉被，使地球变暖。地球的能量全部是从太阳来的，太阳以辐射的形式发射它的能量到地球上，被地球表面与大气层所接受。同时地球背着太阳的一面，有一部分能量被以红外长波的形式向太空散发。白天对着太阳的时候接收好多热量，晚上背着太阳的时候也散发一些热量。如果大气当中的二氧化碳的浓度增加，对接收太阳能量没有变化，还是这么多；晚上散发热量，用红外长波发射，通过大气层，大气层中二氧化碳的浓度比较高，那么它就受阻，散发得少一点。这样，接收的多，散发的少，就像盖了棉被似的，地球的温度就不断升高。有人可能会说，地球温度高有什么了不起，夏天高几度，多用空调，多扇扇子，多用电风扇就行了，冬天暖和不更好吗？

实际上地球是复杂的系统，从大洋环流、大气环流，整个这些东西都是多少年慢慢形成的，有一定的规律，同时平衡是很脆弱的。如果外面的干扰让它逐渐变暖的话，就会引起很多其他的问题，从量变到质变，极端气候会经常出现，比如台风、干旱或者是极端寒冷、极端温暖的天气频繁发生，这可能导致南极冰的融化，使海洋水平面升高。这将导致大洋里很多小岛被淹没，我们沿海地区，如上海就会被淹没一大部分，这个后果自然很严重。不要以为天气变暖没有什么了不起，这个问题全世界都很关注，大家都在想怎么能够把气候变暖的趋势停止或者减缓。这是事关人类与地球万物命运的大事。

这个问题已成为世界上外交、政治中的很大的课题，现在很多国家就说中国排放二氧化碳太多了，每年80亿吨，全世界第一。美国每年排放60亿吨，全世界第二。在几年以前，美国第一，我们在后面站着，好像前面有人挡着，现在你第一了，就很容易受到攻击。这个问题一直是外交斗争很重要的一个方面。现在我们还需要继续发展工业，需要大量的钢铁、水泥，都需要用化石能源来实现。现在工业化、城镇化，还需要盖大量的房子，在这个情况下我们不可能把发展过程停下来。我们到底应当怎么来看待和解决这个问题？

我们有两个很简单的理由。第一个理由，人均。现在美国60亿吨，比我们少，但他人口少，只有3亿，一个人差不多每年排放20吨；我国虽然每年排放总量是80亿吨，但我们人口近14亿，80除以14，也就是年人均6吨，比美国小得多。我们现在人均很小，人口多就占了便宜。

现在全世界都在争取人权、民主、自由，那排放二氧化碳的权利，应该世界上每一个人都是一样的，美国人一个人排20吨，我们一个人也可以是20吨，20吨乘以14亿，就是280亿吨，所以美国不能阻拦我们的发展与排放。

还有一个理由，就是现在的二氧化碳超标是谁造成的。以前大气的二氧化碳浓度是280ppm，现在是380ppm，谁的罪过呢？主要是发达国家。这近一百年工业化，排放了大量二氧化碳，引起全世界二氧化碳浓度的增加。你在工业化过程当中，在马路上乱扔东西，扔够了，现在倒过来说不许别人扔了，那也不行，我还没有扔够，还没有发展起来，我还要发展。你不能说因为你发展完了我就不能发展了，这也是一个说头。现在的说头是需要给发展中国家一些空间，不能限制它们的发展。

大家对二氧化碳排放的想法都是尽可能减少，实现低碳。在这种情况之下，对二氧化碳温室气体的排放，大家都有责任减排，但是每个国家的责任不一样。有区别的责任，发达国家应该多承担一些责任，因为你享受了上百年的发展，排放了过多的二氧化碳，你人均数依然大，累积排放的二氧化碳也多。那么现在你发展、发达了，钱也多了，就该多花点力量来减排二氧化碳。发展中国家，像我们也需要减排，但责任不一样。发达国家的责任更重大一点，我们责任轻一点。大家共同减排二氧化碳，分别承担有区别的责任。

将来很长一段时间,温室气体的减排是我们能源工作者一个很重要的责任,也是国际上外交斗争当中很重要的焦点。哥本哈根会议,以及其他很多会议的召开,是因为感觉到这是全世界的问题,很重大,大家要共同来统一全世界的认识。但像发达国家,比如美国不太愿意承担更多的责任,虽然它已经在过去一两百年当中发展得很好。我们也不能承担很多硬的责任,承担过多责任,我们的发展就受限了。

温室气体是引起气候变化的一种气体,主要是二氧化碳,因为二氧化碳的量太大,每年全世界排放 300 亿吨。中国是 80 亿吨左右,排放量也比较大。甲烷(天然气)也是温室气体,它的温室气体效应比二氧化碳还要厉害。一份甲烷对温室气体的效应要等于 22 份左右的二氧化碳,所以甲烷泄漏所引起的温室气体效应也是很重要的。矿井瓦斯的排放,将来开采天然气、天然气水合物,如果开采方法不当,把很多天然气泄漏出来也是很大的问题。

第二个问题要特别提出来是能源安全问题。由于中国现在煤多,天然气和石油相对比较少。在这种情况下,我们要发展汽车工业,每个人都想享受汽车,现在马路上的汽车越来越多,全国 2011 年生产汽车 1840 万辆,2012 年为 1930 万辆,2013 年更超过 2200 万辆。现在北京马路上的汽车也挺多的,大家都很讨厌堵车,大家都在享受这个"好处"。家里有个车确实方便,有人说家里有了车以后,就很难再没有车了。一出门,一蹬腿,想去哪儿就到哪儿,再去挤公交车、地铁就感觉很不方便。所以汽车肯定是不能不发展的,肯定也遏制不住汽车发展的势头。北京现在买车摇号,中号概率很低,摇五六十次才可能摇上。所以有人把爱人、孩子都动员上,一起上阵摇号。这样,汽油的供应也变成了大的问题,汽油、柴油或者液体燃料的供应都成问题了。

现在中国自己生产的石油,每年最多不到 2 亿吨。将来把南海开发出来,肯定会多一点。而全国消耗石油,2012 年为 4.9 亿吨,远远超过自己的产量,且不止一倍。每年石油的消耗量还在不断增长。那么不够怎么办呢?从国外引进,也就是进口。我国石油的来源很多是从政治上很不稳定的国家,如伊朗、伊拉克、利比亚等国家进口的。这就给我国的能源供应带来不稳定性。把石油从中东、北非运输过来,海上的通道对中国来说也不太安全。虽然现在我们有海军的力量,但总归来说现在海上的力量还是有限的,将来万一有变化,要保障我们海上通道畅通无阻、安全的话,我们现在的军事力量还远远不够。

前三十年,美国的海军有 11 个航母舰队,有大量的海军,有各方面的军事力量维持了海上的通道的秩序。我们享受了它当时所建立的秩序,搭了顺风车,这是难得的机遇。但他现在想明白了,对不起,不仅仅是这个通道不能保证,同时还要给你搅和搅和，不让你占这个便宜。将来马六甲海峡或者其他海峡的航行万一截断的话，那石油的进口通道就断了。前一段时期我们为了避免海上通道经过马六甲海峡，保障大量的石油安全供应，从缅甸开了一条通道。缅甸西部有一个口岸，把石油运到那里，从那边经过油管通到中国的云南，从云南经陆上通道再运进来。现在缅甸的政局也不稳定，美国又来搅和了，奥巴马也去了，希拉里也去了，加上那边的民主派等，都在慢慢地煽动。将来这根油管也靠不住，可能建不起来，也可能会截断，所以整个石油的通道受到威胁。我们想了很多办法，投了很多资来建这个通道，但实际上仍然不可靠。

现在石油的进口依赖程度已经到了 57％ 左右，中国如果用 100 份油，其中 57 份是进口的，这是很危险的比例。一般来说，是 60％ 以下。我们现在是 57％，同时还在不断地增长，因为汽车量在不断地增长，消费越来越多，这个事情很复杂。整个汽车工业不能停止，还要发展。从另一方面来说，油的进口越来越多，依存度越来越大，我们感到我们处在一个非常不利的状态。美国原来十分注意保护国内资源，主要是石油用得这么多，都靠引进，但最近这几届政府、这几届总统都在推行能源基本独立的战略。美国现在对外依存度已从 60％ 下降到 45％，且还在下降当中。与此同时，美国的页岩气发展也很快，就填补了其能源的缺口，价格比较便宜。从这个角度来说，将来其能源价格下降，是有保障的，对它实业的发展很有利。前段时期美国实体经济都跑到国外去了，对它的就业、成本都有影响。现在能源依存度降低了，同时能源的价格也下降了，这样产品的成本（因为产品的成本很大一部分是能源的成本）也降低了。能源成本降低以后，它产品的竞争力就会增强。在这种情况下，对我们产品是很大的威胁，就会影响我们的发展。

这些都给我们敲醒了警钟，能源问题必须要有自己的想法、长远的打算。否则的话，在全世界我们将处于不利的地位。基于能源结构的现实，中国目前以煤为主的能源结构导致成本较高，因为需要处理各种各样的污染等环境问题。以煤为基础来加工其他产品，工艺路线比较长，耗费也大，这对我们是不太有利的。从长远来看，我们处在不利位置，所以要有危机感。

有关能源安全，现在很多国内企业已经做了不少工作。既然石油来源不安全，就设法用煤来替代。用煤来做油，将煤直接变油、间接变油，用煤制甲醇等来改进。这个工作我们中国做得不错，但仍要加把劲。如果在 2020 年把进口依存度保持在 60％ 以内的话，我们大概这几年要搞几千万吨的煤变油。煤变油并不是很好的方法，会引起很多二氧化碳排放，价格相对来说也高一点，能源效率差一点，这是不得已而为之，因为我们没有这么多石油。因为石油来源安全问题很大,那么我自己用煤来做汽柴油,也是没有办法的事情。这方面,中国从技术角度来说已经突破了,还需要大量的投资进行建设。

能源安全问题,我想跟大家提醒一下,是中国,以及每个国家的核心问题。现在我们的能源安全是有问题的,主要是液体燃料石油少。

还有一点是大家以后会碰到的,就是PM2.5的问题。从报纸上来看,前一段时期,美国大使馆经常发布PM2.5的监测报告,说他这个地方监测到PM2.5大大超标,指数差不多达到300、400。PM2.5就是空气当中悬浮的细颗粒。粗颗粒的还比较好办,人呼吸的时候鼻子里有鼻毛,如果戴口罩就更好一点,自然而然就进不去了。PM2.5就是颗粒的直径是2.5微米(10×10^{-6}m)以下的细颗粒。它的直径是2.5的微米,眼睛是看不见的。如果空气中有很多PM2.5就会吸附到肺部,对身体有害。这个问题是个新的问题,以前这方面的问题没有提出来过,监测手段也没有,现在已认识到这个问题很严重。

中国这方面的问题也比较突出,因为我们主要的能源是煤,煤的燃烧排放大量的二氧化硫和氧化氮,而这些气体过滤不掉,排放到大气当中,经过一些光化学物理变化就导致产生细颗粒。此外,我们自己的石油含硫量比较高,它在燃烧过程当中也会产生更多的二氧化硫,进而转变为细颗粒。我们的炼油工业,如果真正考虑到PM2.5,还需要大规模的改造,这不是一点点改造,而是大量的改造,因为我们的炼油工业摊子很大、总量很大。为了使PM2.5达标,中国还有很长的路要走,不是简单过滤一下就能解决的。尤其是在中国以煤为主的能源结构下,要使PM2.5达标,不是容易的事。我看到一个报纸上说,我们承诺在2030年达标,现在说比较难,还有18年,离2020年还有8年左右。所以这个问题大家都是热议的,这对中国政府以煤为主的能源结构确实是很大的挑战。

我把这些问题提出来,主要为给读者一个总体概念。第一,能源的重要性是永恒的课题。第二,中国和全世界的一些事故、争论、争吵、战争,很多问题都是因争夺能源而引起的。第三,大量温室气体的排放,能源安全和PM2.5的产生,对环境与生态影响重大。希望每个人都有这个总体的概念。

现在描述一下全世界的能源问题。

现在世界上不少国家宣称,很快就主要依靠可再生能源了。可再生能源就是风能、太阳能、生物质能、潮汐能、海洋能,这些能源是可再生的。实际上对全世界来说,要真正实现以可再生能源为主导的话,还是有很大的距离。图1介绍了1990~2030年全世界的能源结构变化情况。2030年,还是煤、石油、天然气这三大块,还是以化石能源为主。化石能源就是所谓的煤、石油、天然气这些亿万年前物化了的太阳能。这三块大概每块各占25%左右。此外,核电、水电、可再生能源这三块加起来是 25％ 左右。这四大块每样都是 25％，各占四分之一。现在来看世界上仍然以化石能源为主，要完全替代是不容易的。

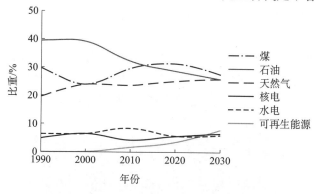

图 1　世界能源消费结构

从这个图也一目了然，化石能源的变化，石油逐渐下降，煤上升但不多，天然气是总体上升，差不多是 25％～26％，这是三大样。水电、核电、可再生能源是三小样，福岛事件以后，大家对核电有很多顾虑，但是核电对我们来说是很重要的。中国将来希望少烧一点煤，靠什么东西替代？核电可能是一个主力。如果排除核电，靠别的可再生能源可能不行。核电和可再生能源在不断增加。这里给大家的印象，实际上相当长的时期，到 2030 年全世界还是以化石能源为主，尽管某些国家宣布不用化石能源了，全部用可再生能源，实际上是不太容易实现的。

图 2 是全球能源消费产生的二氧化碳排放量。二氧化碳的排放，主要是煤、石油、天然气，到最顶上差不多是 380 亿吨。

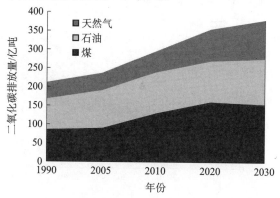

图 2　全球能源消费产生的二氧化碳排放量

图 3 是一个形象图。形象一点来看,这是一块煤和一个插销,把插销插在煤里头就有电,世界(The World)上电从哪里来呢?将来的清洁能源主要是从煤里来,中国尤其是这样。很多人说中国少用点煤行不行?把能源结构改一改,不用煤,用油、天然气、核能,原理上应该是这样的,但实际上要做到这一点很困难。中国的能源用量非常大,资源禀赋又是以煤为主,要改变这种状态非常难。将来中国相当一段时期不得不以煤为主,不是我们愿意的,就是不得不以煤作为我们的能源主力军,这是没有办法的。煤本身燃烧过程中也产生很多污染,但这是没有办法的,躲不开的。

图 3　清洁能源的未来仍在于不清洁的煤炭

图 4 是中国长远的可再生能源发展趋势图。中国工程科学院 2008 年做过一个课题,总的来说,进行了比较理想、比较乐观的规划,预计 2050 年可再生能源能占到差不多相当于 16 亿吨标准煤。煤各种各样,有热值高的,有热值低的,有好的,有坏的,平均起来就是标准煤。

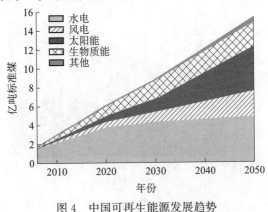

图 4　中国可再生能源发展趋势

再看看近期的，2010 年，大概有 3 亿吨标准煤的可再生能源。2010 年过去了，全国消耗了 32 亿吨标准煤，也就是 1/10。2020 年可再生能源能增加到相当于 6 亿吨标准煤。那时候国家的总能耗估计在 45 亿～48 亿标准煤，可再生能源也就是百分之十几。我们希望这个总量数据再小一点，可再生能源的比例更大一些，我们的政策应适应这个发展。

考虑到这个以后，再考虑其他能源的供应。到 2050 年，中国的能源大概是这样的状况（图 5），关于煤或石油，不管我们的进口依存度如何，总量是要增加的。到外面把石油买来，要占这么多份额。可再生能源，也就是风、太阳能、生物质能，还有核电。从这儿看出来，中国的能源到 2050 年还是以煤为主，能耗总量大概是 65 亿吨标准煤。其实也不多，到 2050 年我们每年消耗 65 亿吨，如果能把握住就不错了。我估计当时有 16 亿人口，65 除 16 的话，估计每个人每年能源消耗是 4 吨标准煤。现在美国是多少？美国每一个人能源是 11 吨，英国、法国大概 7～8 吨，日本少一点，5 吨左右。我们是 40 年以后，设定是 4 吨，那必须过非常节俭的生活才能保证在这个能源消耗以内。否则敞开肚子来消费的话，一个人 4 吨煤是不够的。如果 65 亿吨打不住，要 70 亿、80 亿吨，那么煤就要增加。如果总能耗再提高，整个煤的生产使用就要大量增加，污染就要大量增加。

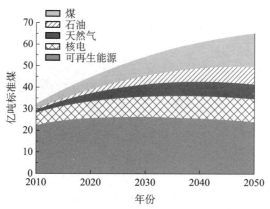

图 5　2010～2050 年中国一次能源消费预测

从这里可以看出来，中国由于能源结构的限制，每个人的能源消耗也只能是比现在的发达国家小得多，绝对不能学那些耗能国家的一些做法。学美国是不行的，像美国那样的国家，更多的汽车，更大的能源消耗，采暖、供冷的超高标准，必将导致更大的能耗和更严重的环境破坏。我们国家现在规定北方冬季室温 18℃是合适的,不能学美国的一年四季室内恒温。中国人从本质上来说,能做到对能源消耗比较小,能遏制自己的享受胃口。到 2050 年控制在 65 亿吨标准煤左右,每人平均年耗 4 吨。

按图 5 的能源结构,二氧化碳排放是图 6 这样的情况。煤烧起来是排二氧化碳的,油在汽车里烧也是排二氧化碳的,天然气也要排二氧化碳,虽然排的情况不一样。煤以碳为主,同样的热量排放二氧化碳就多;石油大体是一碳二氢,碳也不少;天然气是一碳四氢,是最好的燃料,释放同样热量所排放的二氧化碳比较少。现在是这样的状况,我国煤使用量很大,石油、天然气相对小得多,这导致产生同样能量就要排放更多的二氧化碳。

图 6 是按照我们这样的能源结构,到 2050 年二氧化碳排放的情况。从 20 世纪 70 年代开始,我国二氧化碳的排放一直在不断地增加。我国在哥本哈根会议上承诺,到 2020 年每单位 GDP 的二氧化碳排放量减少 40%～45%。别人对这个数据并不太感兴趣,说你别跟我说每单位 GDP 的排放,你得说整个排放的具体数字。到底中国到 2020 年要排放多少二氧化碳,你说个数。同时,什么时候是你们的最高点? 从这个最高点什么时候下降? 要求你提供这个数字,我们现在还提供不出这个数字。

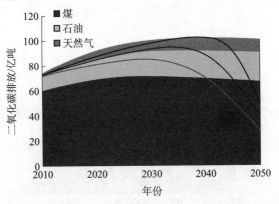

图 6   2010～2050 年中国二氧化碳排放预测

图 6 表明,到 2020 年我国的二氧化碳排放总量大约是 90 多亿吨,2030 年达到最高点,可能接近 100 亿吨。自 2030 年以后逐步下降,怎么个下降法? 到现在为止,还没有一个非常明确的战略。为什么要大幅度下降呢? 因为根据 IPCC(世界气候组织)详细的研究报告,到 2050 年全世界的二氧化碳总排放量只能是 1990 年的一半。1990 年全世界排放的二氧化碳总量是 208 亿吨,如果减

少一半的话，就是 104 亿吨。也就是说，到 2050 年这几十年间，全球的气温如果只升温 2℃～3℃的范围，那么全世界到 2050 年只能排放 100 多亿吨的二氧化碳。据此推算，按人口平均的话，我国也只能排放二三十亿吨，百来亿的排放量是绝对不行的。所以将来我们的任务非常艰巨，在我们这样的能源结构条件下，怎么把二氧化碳减下来就是大问题。不减下来，将来全世界的事情就不好办，就是按人口平均化也不行。

将来减下来的任务落在谁身上呢？只能是落在煤的利用身上。因为煤是可以集中的、大规模使用的，大的电厂发电，大的煤化工，都是集中使用煤的地方。在这些地方，把二氧化碳捕捉起来，然后进一步处理。现在进一步处理的办法，也很笨，就是打一个一二千米的深洞，埋到地底下，把经过压缩的二氧化碳灌进去，然后埋藏起来。我个人感觉这个办法不太靠谱，为什么呢？燃烧以后排放的二氧化碳如何捕捉也不是简单的问题，从大电厂烟囱把二氧化碳拿出来非常不容易，因为在烟囱里二氧化碳的浓度也就是 13％～14％。拿出来以后，你放到地底下埋藏也不靠谱，为什么呢？埋藏不是埋一天两天，也不是一个月两个月，也不是一年两年，也不是十年八年，可能要一两千年。一两千年以后，不知地壳会有什么样的变动。万一发生大型的地壳运动，或者地震，如果地壳运动把地下埋的海量二氧化碳放出来，那就是不得了的事。因为二氧化碳是比空气重的一种气体，一放出来就像锅盖一样扣在地面，人和所有生物就会全部闷死，全部窒息了。所以地底下大量埋藏二氧化碳好像也不是一个安全办法。将来二氧化碳怎么处理？是需要大量研究的。即使现在使用煤，尽可能让它少排放，但终究还不够。将来有很多新技术需要开发，如 Carbon Capture and Storage（CCS），C 是抓住、捕捉的意思；S 就是埋藏。现在说不叫 CCS，叫 Carbon Capture，Utilization and Storage（CCUS），就是碳的捕获与利用。这样比较好，将来不是把它埋在地底下，而是让其物尽其用。现在全世界说得很热闹，真正做的不多，为什么？需要耗费大量的金钱投资。如果一个电厂把产生的二氧化碳进行捕获，电厂的效率要大幅度降低，发电的成本要大幅度上升。从这个情况来看，现在大规模的做这个事情不太容易。包括其他发达国家，一天到晚谈 CCS，我们是不是应在 CCU 上下点功夫呢？怎么把二氧化碳利用起来？不要消极的埋藏掉，把它用起来，用的办法现在已经有很多了，但是量比较小。比如说在蔬菜大棚里多通点二氧化碳，能增加光合作用，加快蔬菜的成长，但用量太少，消耗不了这么多。也可以用二氧化碳把地下的石油驱赶出来多一点，这被称为三次采油，现在也在做，也有成果，但是使用的二氧化碳也还是不多。中国每年排放的二氧化碳差不多就有 80 亿吨，这是个很大很大的数

关于低碳转型窗口的几点意见

量,靠这些小零小碎,吃不完,要靠大的办法固化或者用掉,作为一个物质用掉是最好的。如果在这方面能想出有效的办法来,真是对人类的一大贡献。

就目前来看,减少用煤过程当中的二氧化碳排放是最核心的。电厂烟囱排放的烟气可以想办法集中起来处理掉。如果是汽车里头烧油,不可能每辆汽车都有气兜子,即使每辆汽车都有气兜子,回收二氧化碳的处理也是很难的。煤的利用过程中怎么把二氧化碳减少,也就是低碳,低碳利用煤是最核心的问题,现在最头疼的就是燃煤所产生的二氧化碳。

现在我们有一个正在推广的办法,参见图 7。目前的煤是直接燃烧,产生蒸汽然后推动汽轮机,带动发电机发电。这是常用的办法:煤在锅炉里面直接燃烧,用空气助燃,空气中有约 20% 是氧气,它与煤发生化学反应,就把煤烧起来,继之把蒸汽加热,加压、加热到超超临界,然后再发电。我们是否可以改变一个办法,在燃烧之前先把煤气化,气化要加蒸汽和氧气,气化以后就变成合成气,合成气就是一氧化碳和氢气。合成气可以有各种用途,一个是可以用其发电,也可以做成各种化工产品,制成其他的液体燃料,如甲醇。将煤气化变成合成气,再把这些利用过程耦合起来,互相之间分级利用。这样的话,就会使发电过程变得干净了,因为它不是在燃烧后再去把污染物取出来,而是在燃烧前把硫、其他一些重金属去掉,这样的发电非常干净。与此同时又能生产化工产品、制油。如果这样的工艺配置合理的话,就可以使煤的利用效率提高 10%~15%。如果希望把二氧化碳除掉,可将一氧化碳与蒸汽反应,使之变成氢气,然后发电,氢气燃料发电的效率也是很高的。这样的分离比较容易,比烟囱尾气的分离容易。烟囱尾气的分离为什么不容易?因为二氧化碳含量比较低,只有 13%~14%,而在这种耦合利用过程中它的含量可达 40%。压力比较高,几十个大气压,这样耗费的能量就小了。问题就是分离出来以后如何利用还是需要继续好好研究的。二氧化碳埋藏,做干冰,用不了多少,制备化工产品也用量有限。用二氧化碳促进藻类、蔬菜生长,强化石油开采等都是可行的利用途径,当然还应当继续研究更多更好的办法把燃烧过程产生的二氧化碳尽可能多地利用起来,这样就可以使煤燃烧产生的二氧化碳大量减少了。

在煤的耦合利用过程中更快地更多地对二氧化碳加以利用,虽然用了很多煤,但是产生的二氧化碳却少了很多。这是将来更好更清洁利用煤、低碳利用煤的非常重要的方向,这就是所谓多联产概念。在煤的耦合利用中,既发电,又同时生产化工产品,这是中国二氧化碳减排的战略方向,这个战略方向现在已经为很多行业、为国家领导所重视,已开始这方面的设计实施工作。实施耦合多联产,投资自然会多一些,但为实现二氧化碳减排,不投资怎么可能呢?

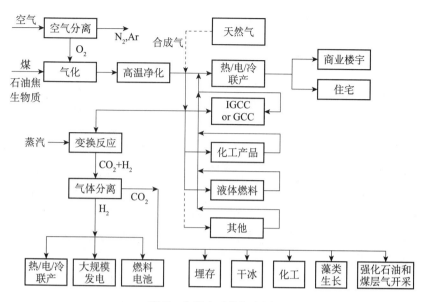

图 7 多联产系统概念图

技术成熟了，实施规模大了，需要的投资额就会逐步降低。这是一个很重要的问题，在中国能源问题中，煤的清洁高效利用，走多联产耦合利用之路是有效可行的途径。将煤先气化、净化，生产化工燃料，同时把一氧化碳做些处理，把二氧化碳分离出来尽可能加以利用，这就是多联产的道路。就目前情况，多联产的成本是高一些，但也不会太高。

煤的污染问题，目前我们仅仅处理了二氧化硫和氧化氮，还没有处理到PM2.5，也没有处理到汞。随着对整个环境要求越来越高，要求处理的不仅仅是二氧化硫与氧化氮引起生成硫酸和硝酸的问题，以后还要除掉汞。用气化的办法来处理煤，毫无疑问成本也会低下来。现在燃煤锅炉是直接燃烧煤，按环保要求，处理尾气中的二氧化碳，再去处理PM2.5，成本是很高的。如果在燃烧前把二氧化碳和PM2.5处理掉，这样从成本上也会慢慢合算起来。关键是要尽快行动起来，不去动手做，永远解决不了燃煤高排放带来的严重环境问题。将来我们还是要走气化多联产的道路，这是利用煤最好的战略方向。时不我待，应克服重重困难与阻力，尽快抓紧实施。

下面再谈谈可再生能源的问题。

此处可再生的意思就是不排二氧化碳。例如，风刮过来了，就用它发电。中国的风力资源很丰富，不仅仅是沿海经常有风，东北黑龙江、吉林，内蒙古的蒙西蒙东和甘肃省等很多地方风能也很丰富。总的来说，全国风力发电的资

关于低碳转型窗口的几点意见

源有二三十亿千瓦，现在中国总的发电设备装机容量大概是十亿千瓦左右，而单独风能就有二三十亿千瓦，所以利用起来是很大的一笔资源。近年我国风力发电发展比较快。差不多从 2006 年以来，每年风力发电的装机都要翻一番。2006 年我国风力发电装机是 256 万千瓦，到 2007 年已超过 510 万千瓦了，翻了一番。2008 年又增长到 1000 多万千瓦，又翻了一番。2009 年 2000 多万千瓦，2010 年 4000 多万千瓦。如今中国装机容量接近 6000 万千瓦了。这是挺好的事情，超过了德国、西班牙、美国。中国的风力发电发展得非常快，在世界上排名第一了。

现在的问题在什么地方？肯定还要继续发展，但是电的传输存在问题。风能丰富的内蒙古蒙西蒙东、甘肃酒泉，新疆等都属于边远地区，工业不发达，生产这么多电自己用不了，需要长距离的输电线路传输到中东部工业发达地区。因为规划上的一些考虑不周，建了很多风电场，但是没有把电网改造与输电通道建立起来。发出电没有地方用，只能扔掉，电网"消化"不了，这导致很多地方"弃风"。因为大型、大规模的风力发电是不稳定、间歇性的电源，风大发电就多，风小发电就少，是随天气变化的。这种电电网是不可调度，不可控的，所以电网不喜欢这种电，因为会影响电网的稳定性。

可再生能源最大的一个缺点就是不可控，靠天，老天爷说话算数，风力发电依靠风力、风速；太阳能发电，依赖太阳照射状况。刮风、下雨、晴天、阴天等气象状况对发电影响很大。可再生能源，不排二氧化碳，但是不可控，间歇性很强，有时候有，有时候没有，电网就很不喜欢这种电源。电网需要电的时候，可能电量不足；而不需要电的时候，电网又会超负荷。总的情况是风力发电近年发展很快，技术掌握很多，基本设备都能自己制造，做得很好。问题就是怎么用好这个电，没有想明白，没有规划好，所以用电有的时候就受限制。现在我们的设备都能出口，中国用不了，就卖到别的国家，我们的风力发电的设备是不错的，价钱也不贵。但是，现在各国贸易保护主义很强，出口到别的国家，又说你是倾销，让你交高关税，各个国家都是用贸易保护办法来保护自己的产业。这就是中国风力发电产业的基本状况与问题所在。

太阳能发电中国也做得不少，以前都是出口用的。前一段时期太阳能发电用多晶硅、单晶硅切成薄片，上面用再进行一定的刻蚀，太阳一晒就能有电。这样的方法很方便，太阳一晒就有电，大家注意很多房顶、路边铺了很多太阳能板，一平方米的板大概有一两百瓦，也可以发不少电，这也是将来的发展方向。道路两旁、大的建筑顶上都可以发电，如果 1 平方米发电 100 瓦，10 平方米就有 1000 瓦，100 平方米就是 10 千瓦，这就可能解决道路照明与大型建筑等的用电问题。

这方面又碰到了问题，原来我们大部分太阳能电池板是出口的，出口到德国、美国。当时他们出的价钱也比较高，我们可以赚钱。因为这是新兴产业，许多省市很积极，建立了很多制造厂。做完以后，现在欧洲欧盟经济不景气，买不起了，没有这么多钱来买这个东西，结果价格大跌。价格大跌以后，我们就亏本了，因为做光伏的材料和设备都是买进来的，大批生产出口还能赚钱，如果赚不了钱就变得很被动。我们的生产量也很大，大概中国的生产量差不多已经占全世界50％以上。现在出口不仅仅是价格低，同时又碰到一些国家的贸易保护主义，美国、欧盟都对我们大幅提高关税，40％、50％，甚至200％多的税率，对我们的光伏产品生产伤害很大。因此，我们的太阳能光伏发电产品的生产也出现了一些问题。大量的工厂建起来了，也做得不错，技术也掌握了，但是外国限制进口。在这种情况下，我们只能自己大量消化这些产品，自己加大建设太阳能电站。太阳能发电是洁净的可再生能源，这自然是低碳，但这样大规模的清洁电站我们自己一时又全部消化不了。这是为什么呢？原来这个清洁电比较贵，大概每千瓦时国家要贴五六角钱，太多了，国家也贴不起。

根据前述的情况，我们需要加快建设输电通道，把电从内蒙古传输出去，传输到缺电的东部负荷中心去；同时希望西部本身发展耗能工业，用耗能工业把风电吃掉。

对太阳能发电，我们希望能掌握得更好，有自主知识产权的技术，大量生产，降低成本，减少国家的补贴，这样才能加快发展。

从可再生能源来说，我们的风力发电和光伏发电等清洁电都已经走在世界的前列，但是有些机制上的问题还需要解决。从长远来看，可再生、清洁能源还是很有发展前景的。应该说我们的风力发电，装机容量已经全世界第一，但仍可以继续发展。光伏发电的产量，生产能力也全世界第一了，但问题是怎样更好地利用新技术，使发电成本便宜一些。

这些产业，无论是风电也好，光伏发电也好，都叫新兴产业。新兴产业最根本的一条就是要有自己的技术。新兴产业如果没有自己的技术就支撑不了，像光伏发电，我们的设备都是买来的，自己的技术发展得不够。目前来看是由于生产量太大，成本偏高，别人不买，我们自己消化不了。但根本的是我们要做出开创性的成果，把成本降下来。新兴产业如果没有自主产权的新技术，那就只能是就给人家打工。比如刚才说到的光伏产业就是这样，加工的设备买进来了，材料也是买进来的，加工的东西要卖出去，就受制于人。还是要靠我们自己内部研发，搞新的技术把这个发展好。同时，风力发电也是这样的，最近在琢磨怎么用其他的办法消耗掉，同时建立特高压的输电线路把风电传输出到缺电地区。我相信可再生能源的前景还是很有希望的,但一定要发展我们自己特殊的技术,在技术层面先走一步,将来才能真正在全世界站住脚,不要老是买了又买,这是不对的。将来如果有人从事能源工作的话,无论风力发电也好还是光伏发电也好,一定要用自己的办法和自己的技术来做这个事情。我们国家已经建立起很好的基础,只要重视技术创新,就能走出自己的低碳之路。

气候变化科学的新进展

秦大河

　　十二届全国政协常委、人口资源环境委员会副主任。中国科协副主席，中国科学院院士。中国气象局原局长、党组书记。他参与和领导政府间气候变化专门委员会（IPCC）第三次、第四次和第五次气候变化评估报告，以及中国气候环境演变评估工作，为深化认识气候变化科学做出了重要贡献。积极倡导冰冻圈科学概念，创建冰冻圈科学国家重点实验室。主持《中国气象事业发展战略研究》，提出"公共气象、安全气象、资源气象"的发展理念，从气象数据共享入手率先启动中国科学数据共享。曾获53届国际气象组织奖（IMO）、2013年沃尔沃环境奖等。

2007 年 2 月 2 日，政府间气候变化专门委员会第一工作组（IPCC WGI）在巴黎正式发布第四次评估报告《气候变化 2007：自然科学基础》[1]（Climate Change 2007：The Physical Science Basis）的决策者摘要（Summary for Policymakers, SPM）。第四次评估报告由来自约 40 个国家的 152 名主要作者和 450 名供稿人共同撰写完成，超过 620 名专家和各国政府机构参与了评审。第四次评估报告是在 IPCC 已完成的三次评估报告基础上，同时吸纳了近期（2001～2006 年）的最新研究成果而完成的。报告主要是基于利用多种手段和方法取得的大量不同时间尺度的更新、更全面的数据并对其进行更细致、深入的分析，对各种过程更进一步的认识、对模拟这些过程模式的改进，对气候变化预估和不确定性问题进行的深入研究。第四次评估报告与以前的评估报告相比更突出了气候系统的变化，阐述了当前对气候变化主要原因、气候系统多圈层观测事实、这些变化的多种过程及归因，以及对一系列未来气候系统变化预估结果的科学认识。报告的发布再次引起世界公众对全球变暖这一严重而紧迫的问题的关注。

IPCC 下设三个工作组，第一工作组负责评估气候变化的自然科学基础，致力于回答全球变暖是怎么发生的，以及对未来气候变化的预估。从 1990 年 IPCC 发布第一次评估报告至今，科学家通过不懈努力，对气候变化的科学认识进一步加深。

本文通过对报告的科学解读，阐述了国际气候变化研究的新进展，介绍了气候系统变化的事实、过程、归因、预估及存在的科学不确定性。

一、自然和人为因素对气候系统变化的影响

IPCC 评估报告中的气候变化是指气候系统随时间的变化，无论其原因是自然变化还是人类活动的结果。而在《联合国气候变化框架公约》中，气候变化是指直接或间接归因于改变全球大气成分的人类活动所引起的气候变化。最近几十年，随着气候变化科学的迅速发展和地球气候的实际变化，尤其是 IPCC 通过四次评估报告，不断地加深了对人类活动引起的近百年气候变化的认识。

大气中温室气体和气溶胶含量的变化，及其导致的地-气辐射平衡和地表特性的变化，都会改变气候系统的能量平衡，引起全球气候变化。第四次评估报告[1]指出，1750 年以来，由于人类活动的影响，全球大气二氧化碳（CO_2）、甲烷（CH_4）和氧化亚氮（N_2O）浓度显著增加，目前总浓度已远远超出了根据冰芯记录得到的工业化前几千年内的浓度值。CO_2 是最重要的人为温室气体，全球大气 CO_2 浓度已从工业化

前约 280 毫升/米³（ppm），增加到了 2005 年的 379 毫升/米³，是距今 650 ka 以来的最高值。自工业化以来，化石燃料的使用是大气 CO_2 浓度增加的主要原因。全球大气中 CH_4 浓度值已从工业化前的 715 毫升/米³（ppb）增加到 2005 年的 1774 毫升/米³，是距今 650 ka 以来的最高值，观测到的 CH_4 浓度的增加很可能源于人类活动，农业和化石燃料的使用是其重要来源。对其他来源的定量认识仍然不足。全球大气中 N_2O 浓度值也已从工业化前约 270 毫升/米³ 增加到 2005 年的 319 毫升/米³，约超过 1/3 的 N_2O 源于人类活动，农业活动是其主要的来源之一。

驱动因子变化引起的能量变化用辐射强迫来表示，正值表示地球表面增暖，负值表示变冷。1750 年以来，人类活动的全球平均净影响是增暖，其辐射强迫为 1.6 瓦/米²。CO_2、CH_4 和 N_2O 浓度增加产生的辐射强迫总和为 2.30 瓦/米²。CO_2 的辐射强迫在 1995～2005 年增长了 20%。人为气溶胶（主要包括硫酸盐、有机碳、黑碳、硝酸盐等）的净冷却效应，共产生总直接辐射强迫 −0.5 瓦/米² 和间接辐射强迫 −0.7 瓦/米²（图 1）。

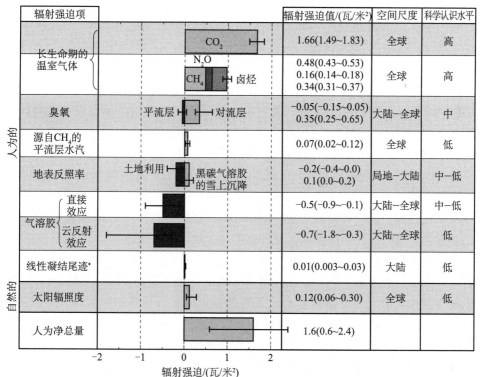

图 1　2005 年全球平均辐射强迫估算值及其范围[1]

＊表示线性凝结尾迹的范围不包含其他的航空对云的可能影响

二、综合观测表明，气候系统的变暖毋庸置疑

第四次评估报告的特征是突出了气候系统的变化。为了增加对全球和区域气候变化的趋势、变率及过程的综合认识，报告不但考虑了大气圈而且还考虑了水圈和冰冻圈的变化，并深入讨论了大气环流型态变化等相关的现象。自第三次评估报告以来，由于数据集和资料分析的改进与延伸、地理覆盖范围的扩大以及更为广泛多样的观测途径等，加深了对气候系统变化的认识，认为气候系统的变暖是毋庸置疑的。

第四次评估报告[1]中给出，最近一百年（1906～2005年）全球平均地表温度上升了0.74（0.56～0.92）℃，比2001年第三次评估报告给出的100年（1901～2000年）上升0.6（0.4～0.8）℃有所提高。自1850年以来最暖的12个年份中有11个出现在近期的1995～2006年（除1996年），过去50年升温率几乎是过去100年的两倍。1961年以来的观测结果表明，全球海洋温度的增加已延伸到至少3000米深度，海洋已经并且正在吸收80%以上增加到气候系统的热量，这一增暖引起海水膨胀，并造成海平面上升。20世纪全球海平面上升约0.17米。

在大陆、区域度上已观测到气候系统的长期变化，包括北极温度与冰的变化，降水量、海水盐度、风场以及干旱、强降水、热浪和热带气旋强度等极端天气方面的变化（表1）[1]。近100年来北极平均温度几乎以两倍于全球平均速率的速度升高；1978年以来北极海冰面积以2.7%/10年的平均速率退缩；20世纪80年代以来北极多年冻土层顶部温度上升了3℃；北半球1900年以来季节冻土覆盖的最大面积已减少了约7%。许多地区观测到降水量在1901～2005年存在变化趋势，北美和南美东部、欧洲北部、亚洲北部和中部降水量显著增加，而萨赫勒、地中海、非洲南部、亚洲南部部分地区降水量减少。20世纪60年代以来，南、北半球中纬度西风在加强；70年代以来在更大范围内，尤其是在热带和亚热带，观测到了强度更强、持续时间更长的干旱；近50年来强降水事件的发生频率有所上升，陆地上大部分地区强降水频率在增加，中国强降水事件也在增加。近50年来已观测到了极端温度的大范围变化，冷昼、冷夜和霜冻已变得较为少见，而热昼、热夜和热浪则更为频繁。热带气旋（台风和飓风）每年的个数没有明显变化，但从70年代以来全球呈现出热带气旋强度增大的趋势，强台风发生的数量增加，其中在北太平洋、印度洋与西南太平洋增加最为显著。强台风出现的频率，由70年代初的不到20%，增加到21世纪初的35%

以上。

表 1   气候变化近期的趋势，人类活动对其影响的评估和对 20 世纪
后期观测到的极端天气事件变化趋势的预估

极端事件变化趋势	20 世纪后期出现变化趋势的可能性（以1960 年之后为准）	人类活动对观测到的变化趋势产生影响的可能性	基于 SRES 情景的 21 世纪预估结果，未来存在变化趋势的可能性
多数大陆地区冷昼/冷夜偏少	很可能	可能	几乎确定
多数大陆地区热昼/热夜偏多	很可能	可能（夜）	几乎确定
多数大陆地区暖事件/热浪发生频率增加	可能	多半可能	很可能
多数地区强降水事件发生频率（或强降水占总降水的比例）增加	可能	多半可能	很可能
受干旱影响地区增加	自 20 世纪 70 年代以来许多地区可能	多半可能	可能
强热带气旋活动增加	自 1970 年以来某些地区可能	多半可能	可能
由极高海平面所引发的事件增多（不含海啸）	可能	多半可能	可能[1]

通过以上观测事实，得到了一些新的重要结果：

（1）太阳辐射变化对当代气候变暖的影响不是最重要的因素。对过去 28 年太阳总辐射的连续监测发现，11 年太阳变化周期的极大和极小活动之间的辐射变化为 0.08%，1750 年以来由于太阳活动变化引起的直接辐射强迫仅为 0.12 瓦/米^2，与温室气体变化引起的 2.30 瓦/米^2 辐射强迫值相比很小，而古气候资料显示，过去几千年来北半球夏季太阳辐射亦呈减少趋势。

（2）过去对全球气候变暖是否引起了大气中水汽含量增加的推测没有确证。现在的结果显示，至少从 20 世纪 80 年代以来，无论在陆地和海洋上空，还是在对流层上层，平均大气水汽含量都有所增加；近 50 年来强降水事件的发生频率有所上升，这与增暖事实和观测到的大气水汽含量增加相一致。

（3）进一步明确指出观测到的全球变暖与城市热岛效应关系不大。新的评估显示，城市热岛效应的影响是局地的，对全球平均气温的影响可被忽略（陆地上的升温率<0.006℃/10 年，海洋上为零）。

（4）全球变暖引起的海洋膨胀和冰盖、冰川融化使海平面上升。新的观测结果发现，1961～2003 年全球平均海平面平均上升速率为 1.8 毫米/年，1993～

2003 年卫星观测的速率约为 3.1 毫米/年，报告还给出了海平面上升的各个贡献因子，并且给出了不确定性，指出近 10 年的卫星观测资料与验潮站资料的精度有差别（图 2）。

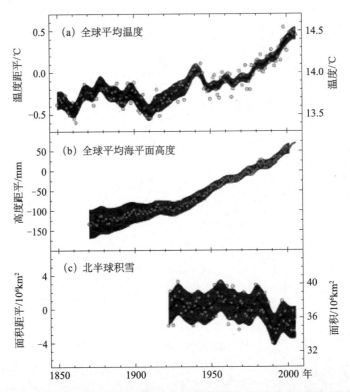

图 2　全球平均地表温度（a），由验潮站（蓝色）和卫星（红色）资料得到的全球平均海平面上升（b）以及 3～4 月北半球积雪（c）变化的观测结果[1]

注：相对于 1961～1990 年平均值；平滑曲线表示 10 年均值；圆圈表示年值；阴影区为不确定性区间

（5）过去认为夜间温度的升高速率是白天的两倍，温度日较差趋于减小。最新结果表明，1979～2004 年温度日较差未发生变化，因为白天和夜间温度均以大致相同的速率升高。

（6）过去对极端事件变化的认识十分有限，这次报告基于比较完整的全球陆地资料，指出冷昼、冷夜和霜冻的发生频率减小，而热昼、热夜和热浪的发生频率增加（图 3）。

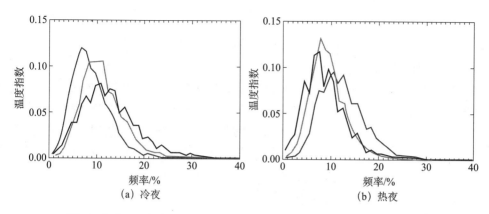

图 3　全球 202 个台站 3 个时段冷夜和热夜温度指数发生频率的变化[1]

三、古气候研究提供了新认识

古气候研究采用多项代用气候指标，其结果经过多重交叉验证。

第四次评估报告指出，20 世纪后半叶北半球平均温度很可能比近 500 年中任何一个 50 年时段更高，也可能至少在最近 1300 年中是最高的，即最近一千多年的北半球平均温度曲线呈现所谓的"曲棍球杆"变化的观点[2]。最近的研究表明，北半球温度的变率比第三次评估报告中提出的要大，尤其注意到 12 至 14 世纪、17 和 19 世纪这些偏冷时期的存在。这些结论得到了包括树轮、冰芯和珊瑚等气候代用资料的支持，由于资料的扩充、测点的大量增加和分析方法的改进，其中的不确定性比第三次评估报告已大为减少。不过古气候资料与 1850 年以后的器测记录相比，在时间和空间上均显得不足。因此，主要使用统计方法建立的这一时期北半球平均温度序列也会带有一些不确定性。

全新世的现代冰川发生了显著的变化，在距今 11 千年～5 千年北半球山地的冰川退缩对应着地球轨道参数的变化，当时冰川退缩的规模比 20 世纪末的还要小。目前几乎全球性的山地冰川退缩似乎并不是由这样的原因引起的，因为北半球过去几千年夏季太阳辐射在减少，这应当有利于冰川增长。

末次间冰期期间（距今约 125 千年），主要由于格陵兰冰盖和北极冰原融化导致全球平均海平面可能比 20 世纪高 4～6 米。冰芯资料显示，当时北极平均温度比现在高 3～5℃，这是由地球轨道参数变化造成的。观测到的由格陵兰冰盖和北极冰原所造成的海平面上升可能不超过 4 米，南极对海平面上升或许也有所贡献。末次冰期冰盛期（LGM，距今约 21 千年）、全新世大暖期（距今约 6 千年）与当前的气候变暖不同，前者主要与地球轨道参数的变化有关，后者主要是由全球辐射强迫变化造成的。

古气候资料也提供了许多区域气候变化的证据。许多古气候突变很可能与大西洋经向翻转环流（meridional overturning circulation，MOC）的变化有关，影响到了北半球的广大地区；亚洲季风的强度及季风降水量也会发生突变。非洲北部和东部及北美等地古气候记录表明，过去 2000 年中在各地发生的持续几十年或更长期的干旱具有准周期性气候特征，所以目前在北美和非洲北部出现的干旱并非前所未见。

四、近 50 年的全球变暖很可能是人类活动所致

气候变化的检测（detection）和归因（attribution）就是识别由人类活动引起的全球气候变化。检测是证明实际观测到的变化不能由自然变率解释，并且在统计上与自然变率有显著性差异的过程。归因是以某种程度的可信度来确立被检测出的气候变化的因果关系的过程，包括评估不同的情景。因而可信度的提高在很大程度上是人们认识人类活动影响的标志。表 2 总结了 IPCC 四次评估报告关于全球气候变化检测和归因的结果[3]。

表 2　IPCC 四次评估报告关于全球气候变化检测和归因的主要结论[3]

IPCC 评估报告	全球气候变化的检测	全球气候变化的归因
第一次评估报告（1990 年）[4]	全球平均地表温度在过去 100 年中增加了 $0.3\sim0.6℃$。这个值大致与考虑温室气体含量增加时气候模式得到的模拟值一致，但是仍然不能确定观测到的增暖全部或其一部分可能是由增强的温室效应造成	近百年的气候变化可能是自然波动或人类活动或两者共同造成的
第二次评估报告（1996 年）[5]	在检测人类活动对气候变化影响方面已取得了相当的进展。其中最显著的是气候模式包括了由人类活动产生的硫化物气溶胶和平流层臭氧（O_3）变化的作用。其次是通过几百年的模式试验能够更好地确定气候系统的背景变率，即强迫因子不发生变化时的气候状态，得到全球平均地表温度在过去 100 年中增加了 $0.3\sim0.6℃$，与第一次评估报告的值相同	目前定量确定人类活动对全球气候影响的能力是有限的，并且在一些关键因子方面存在着不确定性。尽管如此，越来越多的各种事实表明，人类活动的影响被觉察出来

IPCC 评估报告	全球气候变化的检测	全球气候变化的归因
第三次评估报告（2001年）[6]	首先确认了 20 世纪的变暖是很异常的，重建了过去 1000 年的温度变化序列，更有力地表明过去 100 年的温度变化不可能完全是自然因素造成的，模式的模拟也表明了这一点。并且 20 世纪后半期的增暖与气候系统的自然外部强迫（太阳与火山）也不一致，因而不能用外部的自然强迫因子解释最近 40 年的全球变暖。全球平均地表温度在过去 100 年中检测出上升了 0.4～0.8℃。比前两次评估报告的值略高。另外，也检测出 8 千米以下的大气出现类似的增温	根据新的和更强有力的事实，并考虑到存在的不确定性，过去 50 年大部分观测到的增暖可能由人类活动引起的温室气体浓度的增加造成
第四次评估报告（2007年）[1]	气候系统变暖，包括地表和自由大气温度，海表以下几百米厚度上的海水温度，以及所产生的海平面上升均已被检测出来。近 100 年（1906～2005 年）全球平均地表温度上升了 0.74℃。观测到的增温及其随时间变化均已被包含人类活动的气候模式模拟出来了。耦合气候模式对六个大陆中每个大陆上观测到的温度变化的模拟能力，提供了比第三次评估报告关于人类活动影响气候的更强有力的证据	观测到的 20 世纪中叶以来大部分全球平均温度的升高，很可能是由于观测到的人为温室气体浓度增加所引起

149

气候变化科学的新进展

　　IPCC 关于气候变化归因的认识逐步深化，1990 年第一次评估报告认为，观测到的增温可能主要归因于自然变率；1995 年第二次评估报告指出，有明显的证据可以检测出人类活动对气候的影响；而 2001 年的第三次评估报告第一次明确提出，新的、更有力的证据表明，过去 50 年观测到的全球大部分增暖可能归因于人类活动；2007 年第四次评估报告进一步提高了最近 50 年气候变化主要是由人类活动影响的结论的可信度（信度由原来 66% 的最低限提高到目前的 90%），指出人类活动"很可能"是导致气候变暖的主要原因。

　　这次报告不但在结论的信度上提高许多，而且检测与归因研究在空间尺度和气候变量方面也有了明显的扩展。第一次与第二次评估报告的结论主要是对单一的全球平均地表温度序列，第三次评估报告中，检测和归因研究作了更复杂的统计分析，不再限于地表单变量（温度）的分析[5]。第四次评估报告则将对人类活动的检测和归因扩展到六大洲（图 4），并且可辨别的人类活动影响扩展到了气候系统的其他方面，包括海洋变暖、大陆尺度的平均温度、温度极值以及风场。因而关于人类活动是造成过去 50 年全球气候变化的结论越来越具有更强有力的科学依据。

　　最近对气候变化认知及归因的提高和深入，主要依赖于观测资料的改进和更先进气候模式的应用。由于在 1900 年之前的仪器观测时期资料稀少，若资料

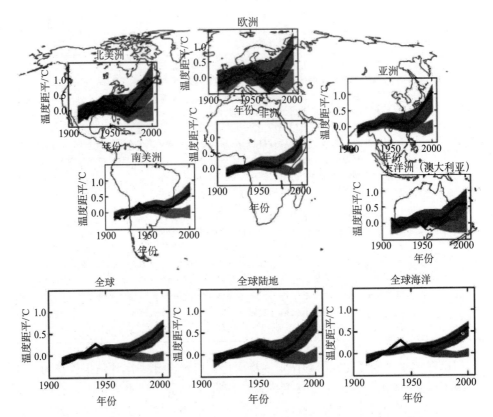

图4　观测到的大陆与全球尺度地表温度距平与使用自然和人为强迫的气候
模式模拟结果的对比[1]

注：相对于1901~1950年平均值，黑线为1906~2005年观测到的年代际平均
值，虚线部分表示空间覆盖率低于50%；蓝色阴影表示仅使用太阳活动与火山自然强
迫的5个气候模式19个模拟试验结果的5%~95%置信区间，红色阴影表示同时使用
自然强迫和人为强迫的14个气候模式58个模拟试验结果的5%~95%置信区间

来源和内插方法不同，结果会相差很大，但1900年之后，所有温度演变表现出
高度的一致性。这种由许多不同分析得到的时间序列所表现的高度一致性结果，
有力地说明它们共同指示的温度变化是真实的。这个结果是气候检测和归因研
究的基础和观测依据[3]。气候模式及其模式输出产品的改进也是明显的。为了
寻找气候变化原因的人为信号，必须首先检测出世纪尺度的自然气候背景信号。
但根据观测资料是很难做到这一点的，因为大多数观测记录长度十分有限，并
且更重要的是很难全面区分各种外强迫影响因子的实际作用。因而唯一可靠的
方法是根据气候模式模拟区分各种人类与自然强迫因子的贡献。在进行模拟中

可以改变某种外强迫以确定这种强迫的气候效应，也可以同时改变多种强迫因子以模拟实际的所有强迫因子的共同作用。目前由观测资料分析和模式模拟得到的结论是：观测到的气候变化不可能只用自然的气候波动解释，必须要考虑人类活动的影响。耦合气候模式对六大洲中每个大陆上观测到的温度变化的模拟能力，提供了比第三次评估报告关于人类活动影响气候的更强有力的证据[1]。

五、预估未来气候将持续变暖，整个气候系统变化显著

全球 14 个模式中心的 23 个全球气候系统模式参加了本次评估报告有关成因和预估的数值试验，各种复杂模式的对比预估包括了 9 种温室气体排放情景[7]。评估研究中不但给出各个模式的预估结果，还给出多个模式对这 9 种排放情景模拟之间的对比和集合结果，因此增加了预估的可信度。

全球变化预估除了给出多模式多情景常规的温度、降水、海平面气压场、大气环流场、海平面高度、冰雪变化的预估外，也给出了云和日变化的预估，还给出一些重要现象如北极涛动、南极涛动、北大西洋涛动、经向翻转环流、季风、ENSO，以及一些极端天气和气候事件（如极端最高、最低温度，酷暑期长度，霜冻期长度，洪涝与干旱强度，热带与温带气旋，飓风与台风频数和强度变化等）的预估[7]。

综合多模式多排放情景的预估结果表明[1]，到 21 世纪末，全球地表平均增温 1.1～6.4℃，全球平均海平面上升幅度为 0.18～0.59 m（表 3）。在未来 20 年中，气温大约以 0.2℃/10 a 的速度升高，即使所有温室气体和气溶胶浓度稳定在 2000 年的水平，每 10 年也将增暖 0.1℃。如果 21 世纪温室气体的排放速率不低于现在的水平，将导致气候的进一步变暖，某些变化会比 20 世纪更显著。

表3　21 世纪末全球平均地表增暖和海平面上升预估结果[1]

情景	温度变化/℃[1]		海平面上升/m[1]
	最佳估算值	可能范围[2]	可能范围[3]
稳定在 2000 年的浓度水平[4]	0.6	0.3～0.9	无
B1 情景	1.8	1.1～2.9	0.18～0.38
A1T 情景	2.4	1.4～3.8	0.20～0.45
B2 情景	2.4	1.4～3.8	0.20～0.43
A1B 情景	2.8	1.7～4.4	0.21～0.48
A2 情景	3.4	2.0～5.4	0.23～0.51
A1FI 情景	4.0	2.4～6.4	0.26～0.59

注：1）表中的数值是 2090—2099 年平均相对 1980—1999 年平均的变化；2）这些估算值的评估源自一系列模式的结果；3）海平面预估是基于模式的范围并不包含未来冰流的快速动力变化；4）2000 年稳定水平仅源自海气耦合模式

第四次评估报告对变暖的分布和其他区域尺度特征的预估结果较第三次评估报告更为可信,包括风场、降水、以及极端事件和冰的变化。预计陆地上和北半球高纬地区的增暖最为显著,而南大洋和北大西洋的变暖最弱(图5);积雪会缩减,大部分多年冻土区的融化深度会普遍增加,北极和南极的海冰会退缩。极热事件、热浪和强降水事件的发生频率很可能将会持续上升;年热带气旋(台风和飓风)的强度可能会更强并伴随着更大的风速和更强的降水;热带以外的风暴路径会向极地方向移动,引起热带外地区风、降水和温度场的变化;高纬地区的降水量很可能增多,而多数亚热带大陆地区的降水量可能减少。由于各种气候过程及其反馈与时间尺度有关,即使温室气体浓度趋于稳定,人为因素的增暖和海平面上升仍会持续数个世纪。

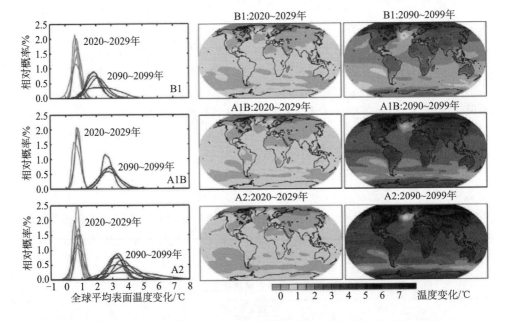

图5　21世纪初期和末期全球平均温度变化(相对于1980~1999年平均)
的海气耦合模式预估结果[1]

注:右图为海气耦合模式的多模式平均预估结果,左图为不同模式以全球平均增暖估算
的相对概率表示的相应不确定性

海洋和陆地生物圈对CO_2吸收的自然过程大约可以清除人为CO_2排放的50%~60%,但海洋对人为CO_2的吸收,导致了表层海水酸化程度的不断增加。预计21世纪全球平均大洋表面的pH将会降低0.14~0.35个单位,比工业化前至今0.1个单位的降幅增加了数倍。

六、报告中的不确定性问题

在 IPCC 报告的所有重要论述中，都有相应的信度水平，并使用了一套谨慎定义的术语来表述信度。在本次报告中，用下列术语表达对可能性的评估[1]：几乎确定（virtually certain），发生概率＞99％；极可能（extremely likely），发生概率＞95％；很可能（very likely），发生概率＞90％；可能（likely），发生概率＞66％；多半可能（more likely than not），发生概率＞50％；多半不可能（less likely than not），发生概率＜50％；不可能（unlikely），发生概率＜33％；很不可能（very unlikely），发生概率＜10％；极不可能（extremely unlikely），发生概率＜5％。本次报告所给出的结果的不确定性范围，一般为90％的不确定性区间，即取值高于或低于给定范围的可能性为5％[1]。所评估的不确定性区间并非总是以相应的最佳估算值为中心对称。

本次评估报告指出，第三次评估报告以来，在人类活动对气候增暖和冷却作用方面的理解有所加深，得到了具有很高可信度的结论。人类活动的全球平均净影响是增暖，人类活动（尤其是化石燃料的使用）"很可能"是导致气候变暖的主要原因。"很可能"表示至少90％以上的可能性，而2001年第三次评估报告中使用的词语是"可能"，表示至少66％的可能性。本次报告以此来说明人类活动（特别是人为温室气体排放）对气候产生影响这一结论的可信度更高了。

在第三次评估报告中，IPCC 只是给出 1.4～5.8℃ 的全球年平均温度增加的范围，但这个范围解释起来很困难，因为第三次评估报告没有给出其相应的发生概率，如结果的信度范围是95％还是99％，是这个区间平均分布的概率还是趋向中心峰值的概率都不清楚。而第四次评估报告关于未来预估的结果给出了有明确差异的描述，特别是对每个情景给出了最佳估算及其可能的范围。对可能范围的最新评估，是根据更多的气候模式结果得出的，这些模式更为复杂，更接近真实情况，同时考虑了碳循环反馈的本质，以及从观测得到的气候响应约束。对 21 世纪升温的 6 种情景的最佳估算范围是 1.8～4.0℃，而可能范围是 1.1～6.4℃。在第三次评估报告中，21 世纪末海平面上升预估值为 0.09～0.88m，而第四次评估报告中海平面上升预估值为 0.18～0.59 米，这反映了我们对影响海平面变化各种因子的认识有了改进。

七、讨论

IPCC 第四次评估报告虽然得出了许多确凿的结论,但许多方面仍存在科学不确定性。关于气候变化的观测事实,存在着观测资料和参考文献的区域不平衡和空白,特别缺乏来自热带和南半球的资料和文献。与对气候平均值的变化研究相比,对极端气候事件变化的认识还有待深入,特别是一些小尺度的极端气候事件。

关于气候变化自然和人为因素的归因,在大陆以下尺度上存在较大困难。因为较小尺度上的土地利用变化和局地污染等因子使得辨别人为影响更为复杂。

对未来气候变化的预估,关键不确定性主要来自平衡气候敏感度、碳循环反馈的不确定性。不同气候模式对云反馈、海洋热吸收、碳循环反馈等机制的描述差别很大,这也增加了对未来气候预估的不确定性,气溶胶对气候系统和水循环的影响仍然不确定。未来格陵兰和南极冰盖物质平衡的变化,特别是由于冰流动造成的变化是海平面上升预估不确定性的一个主要来源。

这里还要指出的是,未来气候变化的预估结果很大程度上依赖于模式和情景,提高未来气候变化预估的可靠性和信度,需要进一步完善气候系统模式、加强气候系统观测、提高对气候系统地球生物化学循环的科学认识。

参 考 文 献

[1] IPCC. Summary for Policymakers of Climate Change 2007:The Physical Science Basis. Contribution of Working Group I to the Fourth Assessment Report of the Intergovernmental Panel on Climate Change. Cambridge:Cambridge University Press,2007.

[2] National Research Council of the National Academies. Surface Temperature Reconstructions for the Last 2000 Years. Washington D C:The National Academies Press,2006:1-141.

[3] 丁一汇. 人类活动与全球气候变化——从温室效应的提出到 IPCC 的最新结论// 秦大河,丁一汇,董文杰,等.2006 年中国气候变化研究年度报告. 北京:中国气象局国家气候中心,2007:10-15.

[4] Houghton J T,Jenkins G,Ephraums J J. Climate Change. The IPCC Scientific Assessment. Cambridge:Cambridge University Press,1990.

[5] Houghton J T,Meiro Filho L G,Callander B A,et al. Climate Change 1995:The Science of Climate Change. Contribution of Working Group I to the Second Assessment Report of International Panel on Climate Change. Cambridge:Cambridge University Press,1996.

［6］Houghton J T，Ding Y H，Griggs D G，et al. Climate Change 2001：The Scientific Basis. Contribution of Working Group I to the Third Assessment Report of International Panel on Climate Change. Cambridge：Cambridge University Press，2001.

［7］赵宗慈. 近些年全球气候变化预估研究进展. 气候变化研究进展，2006，2（2）：68-70.

气候变化科学的新进展

节水优先，善待水源

刘昌明

　　中国科学院院士，地理科学与资源研究所研究员。长期从事水文、水资源等方面研究，先后作为首席或负责人承担了国家973项目、重大与重点自然科学基金项目多项。至2004年已发表著作400余篇（包括专著与主编书、刊40余部），发表SCI论文100余篇，国内外论文索引上万次，获国家级、院（省、部）级科技成果奖16次。其主持完成的"小流域暴雨径流计算"被西北地区铁路新线设计推广应用，获1978年全国科学大会奖，"黄淮海平原中低产地区综合治理综合发展的研究"获1988年国家科技进步奖二等奖；"四水转化与农业水文的研究"与"水资源在国土整治中的地位与作用"获1989年中科院科学进步奖二等奖，2012年获2011年度河北省科技最高奖等。历任中国科学院石家庄农业现代化研究所所长（1992—2002年），
北京师范大学资源与环境学院院长（1997—2003年）与地学、资源与环境学部主任（2005年至今），中国地理学会副理事长（1997—2004年）。曾任中国科学院水问题联合研究中心主任，北京师范大学环境学院院长，水科学研究院院长，中国环境科学学会副理事长，国际地理联合会（IGU）副主席，水利部科技委及黄河、淮河、松辽科技委委员，中国水利学会常务理事，国务院南水北调建设委员会专家组成员，山东水利科学院名誉院长，河北省委省政府决策咨询委员会委员，山西省政府决策咨询委员会委员（2004—2012年）；国际水文计划（IHP）中国国家委员会副主席。曾任国际雨水集流协会副主席（1995—1997），IGBP/BAHC国际指导委员会委员（1997—2002），国际全球水系统计划（GWSP）科学指导委员会委员，综合地球水循环观测计划科学咨询组成员，任《地理学报》与《中国生态农业学报》主编、《水科学研究进展》编委，现任英国 *Hydrological Processes*（SCI）与 *Ecohydrology*（SCI）杂志国际编委，曾任 *International Journal of Water Resources Development*（EI）杂志国际编委，美国 *Water International*（SCI）杂志编委与评委。从1978年开始至今，已培养博士、硕士研究生逾120名，多次被中国科学院评为优秀导师。

众所周知，地球在宇宙中被誉为"水的行星"。因为有了水，地球才有了生命的存在。因此，人们的一个共识是：水是"生命之源"和"生态之基"。人类从事的各种生产活动，各行各业都离不开水。水是农业的命脉、工业的血液，所以水被称为"生产之要"。从国家社会经济的发展来看，水是基础性的自然资源和战略性的经济资源。水资源对于人类来说是不可代替资源，其合理开发和利用是社会经济可持续发展的必要条件。

一、地球上的水

1. 水的起源

身处作为"水的行星"的地球，我们对水的起源尚未弄清，仍处在假说的探索阶段。笔者在 2000 年出版的院士科普系列书之《今日水世界》中提到地球上水的起源问题[1]。关于地球水起源的假说有 30 余种，归纳起来大致可分两种：其一认为地球水来自外部空间。即捕获来自宇宙空间含有水分的陨石，水被凝聚在地球内部物质中，然后在地球自转离心力与增温的作用下，水分呈水汽状态上升聚集至地面以上，经冷凝作用形成降水，源源不断汇集成为地表水；其二认为地球水来自地球本身。始于地球从原星云凝聚成时，内部释放的氢气和氧气，包括由太阳发出的粒子流而来的氢气和氧气，大量的氢（H）与氧（O）结合发生化学反应产生了水。此外，地球本身的水也包括由地壳内部矿物而来的水分。显然以上两种假说相互对立，并不统一，尚无定论，有待长期的深入研究，才能予以证实。美国科学家也提出了一种新假说：大量的冰慧星进入地球大气层，给地球带来了水量。这一分析是否属实无法验证，与上述第一个假说同出一辙。

2. 总体水量

从太空看地球，地球大部分被水覆盖，如图 1 所示。海洋占整个地球表面的 71%，陆地仅占 29%。水在地球表层形成的圈带即水圈，包括海洋、陆地、大气中的水和地下水。因热力状况，地球表层中的水，有三种相态：液态、汽态与固态。地球上的水在热力、地心引力等多种外力作用下，不断运动，进行着三相态的交替变化。水在地球上的存在形式很多，包括海水、地下水、土壤水、冰川与永久雪盖、淡水湖泊、河川径流、大气水等。另外，绿色植物里 80% 都是水，称为植物水。

地球表面水量储存巨大。科学统计表明，海洋中与大陆上的储水总量达到 13.86 亿立方千米（表 1）。

图1 地球海洋与大陆分布图

表1 地球上各种储水量类型与储量

水的储量	面积/千米²	水量/千米³	深度/米	占总水量的比例/%	占淡水总量的比例/%
海洋	361 300 000	1 338 000 000	3 700	96.5	
地下水(重力水与毛管水)	134 800 000	23 400 000	174	1.7	
主要地下淡水	134 800 000	10 530 000	78	0.76	30.1
土壤水	82 000 000	16 500	0.2	0.001	0.05
冰川与永久雪盖	16 227 500	24 064 100	1 463	1.74	68.7
南极	13 980 000	21 600 000	1 546	1.56	61.7
格陵兰	1 802 400	2 340 000	1 298	0.17	6.68
冰岛	226 100	83 500	369	0.006	0.24
山地冰川	224 000	40 600	181	0.003	0.12
地下水、多年冻土	21 000 000	300 000	14	0.022	0.86
湖泊蓄水	2 058 700	176 400	85.7	0.013	—
淡水湖	1 236 400	91 000	73.6	0.007	0.26
咸水湖	822 300	85 400	103.8	0.006	—
沼泽水	2 682 600	11 470	4.28	0.000 8	0.03
河槽蓄水	148 800 000 (流域)	2 120	0.014	0.000 2	0.006
生物体蓄水	510 000 000 (全球)	1 120	0.002	0.000 1	0.003
大气水分	510 000 000 (全球)	12 900	0.025	0.001	0.04
总水量	510 000 000	1 385 984 610	2 718	100	—
淡水	148 800 000	35 029 210	235	2.53	100

3. 淡水稀缺

　　水几乎充满着整个地球,但实际上人类可利用的水资源并不多。地球上97%都是咸水,只有2.53%是淡水,存在于河、湖、土壤、植物体中。与人类密切相关的、经常使用的是淡水。淡水中，南北极、高山冰雪、固体水占比例非常大，约占 3/4。剩余 1/4 包括地下水、冻土冰和陆地表层淡水，大部分是地下水和地下冰，自然再生非常缓慢，地球上的淡水十分稀缺（图 2）。

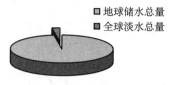

□ 地球储水总量
■ 全球淡水总量

图 2　全球淡水总量占地球储水总量的比例

二、地球淡水的再生与循环

1. 淡水可再生性

如前所述，地球上的淡水资源非常稀缺，但幸运的是陆地表层淡水交换很活跃，更新速度很快。地球表面的水分蒸发变成水汽，水汽凝结成降水。降水落到地表变成地表水，流到河流和湖泊，渗透到土壤与地下岩层中则变成土壤水或地下水。这些降水所派生的水受重力水平分力的驱动汇入海洋，或在太阳热力作用下蒸发逸入大气。这个周而复始的过程就叫水循环（图 3）。

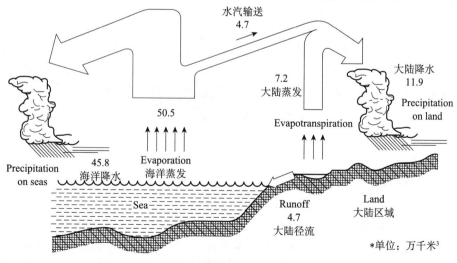

水汽输送
4.7

7.2
大陆蒸发

大陆降水
11.9
Precipitation
on land

50.5

Evapotranspiration

Precipitation
on seas

45.8
海洋降水

Evaporation
海洋蒸发

Sea

Runoff
4.7
大陆径流

Land
大陆区域

*单位：万千米³

图 3　全球水循环示意图[4]

水的循环更新是其非常重要的特性。其更新时间的长短称为水的再生或更新期（d）：

$$d = \frac{S}{\Delta S} \tag{1}$$

式（1）中：S 为水资源项的容量，单位采用 m³ 或 km³；ΔS 为该项水资源参加水平衡的活动量，单位采用 m³T⁻¹ 或 km³ T⁻¹（T 以日或年计）。

显然，d 的计算单位为：

$$d = \frac{km^3}{km^3 T^{-1}} = T（日或年） \tag{2}$$

大气降水不断发生，全球平均每 10 天发生一次降水，进行一次淡水循环。淡水不断更新，河道里的淡水平均 12 天更新一次，土壤里的淡水则 1 年更新一次。由于运动十分缓慢，深层地下水更新时间很长，更新一次需要成千上万年。这也是我国北方地下水超采导致其水位迅速下降的原因。

2. 淡水水量平衡

全球大陆到底有多少降水、径流和蒸散发？Trenberth（2002）与 Shiklomanov（1993）对全球水量平衡进行了的计算[2-4]，结果如表 2 所示。

表 2　全球大陆水量平衡三要素估算值　　　　　　（单位：千米³）

水量平衡要素	Shiklomanov, 1993	Trenberth, 2002	平均
降水量（P）	119 000	103 000	111 000
蒸散发（ET）	72 000	66 000	69 000
径流（R）	47 000	37 000	42 000

综上所述，地球上水的储藏形式非常多，但是人类可以利用的淡水资源所占比例非常少。强大、活跃的全球水循环使淡水不断更新，满足了人类对淡水的需求。全球水循环产生的大陆降水总量是 11.1 万千米³，蒸散发是 6.9 万千米³，径流是 4.2 万千米³。其中的大陆降水总量，可以视为全球大陆淡水资源的总来源。

三、中国的淡水资源

1. 大陆储水量

水的赋存包括液态水（地下水、土壤水、河流水、湖泊水和沼泽水等），汽态水（赋存于大气中）以及固态水（赋存于山地冰川积雪、高原与高纬地区冻土中），统计结果如表 3 所示[5]。我国大陆储水量中地下水最多，交换更新最慢；大气与河流中储水量虽少，但其交换更新很快，能为我们源源不断地提供水源。

表3　中国大陆各种储水量与交换更新周期的估算

项目		面积（万千米²）	储水量		年循环量（千米³/年）	交换期（年）
			千米³	%		
液态水	地下水（200米内）	954.3	1 694 000	84.96	700.0	2 500
	土壤水	826	3 355	5.01	3 355.0	1
	湖泊水（含水库）	8.06	821（400）	1.23	51.0	16
	沼泽水	11.0	50	0.07	10.0	5
	河流水	851.0	86	0.13	2 600.0	0.033
气态水	大气水	960.0	163	0.24	6 048.0	0.027
固态水	冰川	5.94	5 600	8.36	60.0	93
全国		9 600 000	1 704 475	100		

　　淡水资源交换更新最快的是降水，并且由其转化为其他相态的淡水，构成淡水总储量。中国大陆按年平均河川径流与地下水（扣除相互交换的重复量）合计的常规水资源总量为 28 000 亿米³，占全球大陆总水量的 6.4% 左右。中国大陆年平均降水量为 62 000 亿米³，其中 35 000 亿米³ 蒸发返回大气，占年降水量的大半；剩下只有 27 000 亿米³ 形成径流，约占年降水量的 42%，即包括地表径流和地下径流在内的常规水资源。按常规水资源量排位，中国在全世界所有国家中排名第 6 位。总量虽不少，但中国人口众多，人均水资源量排在第 120 位左右，人均占有量仅仅是全球的 1/4。

2. 水资源时空分布特点

　　水资源时空分布不均是中国淡水资源面临的主要问题。从空间分布看，年平均降水量大体上从东南沿海向西北内陆减少，离海洋越远，降水越少：东南地区多在 1000 毫米以上，而西部塔里木盆地最少，年平均降水总量小于 25 毫米。年平均降水量最大的地方在云南西南部、西藏东南部与台湾北部山区，降水量最大可达 6000 毫米。从时间分布看，受季风气候影响，中国降水量年际与年内分配极其不均，这种不均匀性从东南向西北剧增。例如，塔里木盆地南缘的且末县多年平均降水量为 18.3 毫米，而 1968 年 7 月 22 日一天降水量竟达 42 毫米，相当于多年平均降水量的 2～8 倍，降水的变率之大，极为罕见。我国年平均径流量的时空分布与降水量分布趋势基本一致：自东南向西北递减，近海多于内陆，山地大于平原，特别是山地的迎风坡，年径流量远远大于临近的平原或盆地。受降水季节性变化影响，年径流量集中在夏季，一般占年径流的 50% 以上。特别是华北平原和内蒙古高原的内陆河夏季径流更为集中，达年径流的 60%～70%。显然，这种时间上的不均匀性不利于供水，需要通过水利工程调节来解决。

简言之,中国水资源主要特点包括:第一,人均占有量很低;第二,要素空间分布不均;第三,年际变化大;第四,年内各月间的分配不均;第五,受人类活动和气候变化影响大,水量与水质时空变化大。因此,中国淡水资源系统非常脆弱,很不稳定。

四、中国水资源与水环境的主要问题

中国水资源时空分布不均,人均占有量低,给水资源利用带来了很大困难。同时,因技术措施等多种原因,我国水资源的不合理开发利用给水资源与水环境带来了很大压力,造成了一系列问题,致使河流断流、旱涝灾害频发、山洪泥石流、生态退化、污水蔓延、侵染水质、鱼类死亡、蓝藻爆发等,严重影响供水和饮用水安全。这些问题除了水资源自然变化外,还与人们不合理地开发利用有关,即人水和谐问题。不和谐的人水关系中,水资源与水环境的几个突出问题包括:

1. 河道断流、湖泊干涸

干旱年份过度开发利用水资源,造成大河断流。例如,黄河断流以后,河道干化,建筑工人就开着拖拉机进去挖沙;河北白洋淀由于缺水变干了,以渔业为生的渔民没法继续捕鱼了。

2. 旱、涝灾害频发

我国由西南云贵高原地区到华北黄淮海与东北辽河流域的西南-东北一带旱灾非常频繁,大灾时赤地千里,鱼虾灭绝。而长江中游与台风登陆的华东华南地区洪涝经常发生。还有一些地区旱、涝交替出现,如2006年重庆发生百年罕见大旱,2007年重庆又遭受百年罕见的暴雨袭击。

3. 地下水严重超采

地下水超采导致地下水水位下降,如华北平原地下水超采严重的地方,累计已抽掉了两个黄河的总水量,导致这些地区90%以上的地下水位下降。当地下水水位下降到某一深度以后,出现水源枯竭,带来一系列生态、环境问题,如地表干化、沙尘四起、地面下沉等。值得指出的是,同位素测定华北平原地下水的年龄发现其形成的时代在5000年与30 000年之间,这说明该区域的地下水开采以后,需要非常长的年代才能更新。因此无节制的开采必然导致地下水水位下降,形成漏斗,并难以恢复,最终使地下水源枯竭。

4. 生态环境恶化

在生态、环境方面，由于大量的生产用水严重挤占生态与环境用水，导致生态、环境恶化。目前我国生态用水亏缺大约 200 亿立方米，由此造成 35% 的湿地退化，18% 的湖泊萎缩，生物多样性也受到了明显的影响。更有甚者，城市生活与工农业污水的无序排放，导致污染大规模蔓延，危害广大人民健康。华北地区最为典型，"有水皆污"、"有河皆干"。

五、人水和谐

水是"生命之源、生产之要、生态之基"，涉水问题非常多，不胜枚举。由上面谈到的四个突出问题，可见一斑。文章篇幅所限，不再赘述。需要指出的是：水资源是自然禀赋，水资源出现的问题，需要从人类与自然的和谐关系来处理，即人水和谐相处的理念。这一点也可以从上述几个突出问题来认知，乃至全球与气候变化的问题无不脱离人与自然的和谐关系。

下面探讨一下水资源问题的归因。

客观上看，水资源自然禀赋差。我国的水资源条件是季风气候下时空分布不均，空间上南多北少，时间上则是夏季集中；人口众多的情况下人均水资源占有量很少，如前所述人均水资源只有世界平均水平的 1/4；水土资源不匹配，南方水多地少，北方水少地多。

主观上看，包括三点：首先是我国改革开放以来经济社会发展很快，用水量大。例如，我国的生产规模空前增长：钢铁占世界第一，超过了第二位、第三位、第四位的国家产量总和；水泥、煤炭、纺织品、电视机、空调、摩托车的生产都占世界第一，铜的消费也是世界第一。同时，问题还在于生产任何产品都会产生大量的废弃物，包括废水、废渣、废气等多种污染物质。人们防治污染的速度总是赶不上污染蔓延的速度。其次是用水效率低。与先进国家和高收入水平的国家相比，我国单位水资源生产力只有 3.6 美元/米³，而高收入水平国家是 35.8 美元/米³，差距很大，我们的水资源利用效率很低。最后是水资源开发超过天然水资源系统的承载力。很多地区行政与产业部门盲目追求经济增长，忽视水资源的保护，持续扩大用水规模建设，用水量超过了自然水资源的承载力。

总之，水资源问题归根结底是如何正确处理人水和谐的关系。我们要尊重自然，顺应自然，不可盲目地认为"人定胜天"。为了避免冲突，就像对待气候变化的影响一样,需要采取适当对策,最重要的是在保护稀缺水资源的前提下合理开发利用水资源,核心是节约用水,善待水源。

六、节水优先,强化需水管理,应对水的问题

早在 21 世纪初,笔者与钱易院士、邵益生博士为解决水资源问题提出"节水优先、治污为本、多渠道开源"的观点[6]。这一提法表明了我们的认知:首先,把人们节约与保护稀缺的淡水资源作为水文化的准则;其次,治污为本是重视关系人类生存与健康的水质污染,以生态、环境的可持续作为根本目标;最后,多渠道地获取可利用水源,要节流与开源并举,广泛挖掘可利用的水资源潜力,满足经济社会发展的需要。希望通过上述这三个方面的结合全面解决水资源问题。

水问题涉及社会经济、环境、生态各行各业的用水部门。水资源系统是巨系统,其科学管理是一个巨型系统工程。笔者在编写《中国至 2050 年水资源领域科技发展路线图》一书时,把水资源问题归纳为 5 个方面,即水资源、水环境、水生态、水灾害与水管理[7]。水资源供应数量与质量关系到每一个人的生存与健康,没有人能离开水而生活或进行任何一项生产活动。因此,人在生活与生产中对水资源的消费规模与消费方式是核心问题。从很大程度上讲,人们如何正确处理人水关系,事关党的十八大提出的"生态文明社会建设"问题。在某种意义上讲,"以水为本"可纳入"以人为本"。总之,"节水优先、治污为本、多渠道开源"事关全国、人人有责。不言而喻,节水需从每个人做起,从节约每一滴水做起。

已如上述,水问题的管理是一个极其庞大的系统工程,涉及自然、技术、经济、社会等众多方面,需要开展多学科跨学科综合研究。国际上特别强调水资源的综合管理(IWRM)和流域综合管理(IRBM),这里仅就事关人水关系的节水对策与措施进行讨论。

1. 提高全民节水意识

要认识到地球上淡水资源是一种稀缺资源,区域的水资源并非取之不尽,用之不竭。要大力普及水资源的科学知识。学习 2011 年 1 月份的中央一号文件提出的"水是生命之源、生产之要、生态之基",要深刻理解"以水资源可持续利用来支撑经济社会可持续发展"的内涵。努力实现"资源节约型、环境友好型"的两型社会建设,齐心合力在我国建立节水型社会。

2. 节水型社会的内涵

一般讲节水往往是具体措施或行为，例如农业中的滴灌，工业中的循环用水等，包括各行业的各种节水技术或办法，而节水型社会则是多种节水措施的集合，突出表现在管理与政策上。因此，节水型社会应是包括一切节水措施的制度，是基于水资源承载力，以增进水资源的高效利用和生态、环境保护为目标，对生产关系实行变革，实施以经济手段为主的节水机制。我国政府高度重视节水型社会建设，已实施和颁布了节水型社会建设的"十一五"和"十二五"规划。

3. 节水的重要作用与巨大潜力

中国有一句成语，叫做"一箭双雕"，而节水的好处应是"一箭多雕"，一举多得，具体包括以下几方面。

（1）节水使用水量减少

除了传统方法外，还有一些与水消费有关的新理念，如"水足迹"。在平时的饮食消费中，一些人喜欢喝茶或喝咖啡。一杯茶需要多少水呢？从种茶树开始，茶树蒸腾，茶叶加工，在这个过程中，包括看不见的那些用水（"足迹"），要消耗35升水。而喝咖啡消耗的用水（"足迹"）却是140升。两者的用水（"足迹"）相差4倍。在茶与咖啡中，考虑消费方式的节水，我们可以选择喝茶，而不是咖啡。当然，这里仅是举例阐释概念，实际中喝水的量很小，不应该限制人们爱好。而在其他大的"水足迹"消费中，特别是缺水区，必须认真考虑节水。例如，生活用水中的洗澡、冲厕、洗涤，用水量都很大，人们需要考虑节水措施。

（2）节水使废污水的排放量减少

我国城镇生活和工农业生产废污水的年排放量已达到800亿吨左右，其中大约70%的废污水是来自城镇生活的排放。这需要引起城镇民众的重视。显然，大量节水就意味着污水大量减少，有利于环保。例如，近年广州市的调查，全市1000余万人，若一天少排40万吨，一年就少了1.5亿吨的污水，这是效果相当明显的节水减排。

（3）节水使因"三生（生活、生产、生态）用水矛盾带来的压力减少

已如前述，我国城镇生活和工农业生产用水的迅速发展，导致环境和生态需用水被严重挤占，生态系统退化、生物多样性减少，尤以华北、西北干旱区为甚。例如，西北的胡杨林，是当地的防风沙的绿色屏障，一些地区生活、生产用水挤占生态用水，最终使胡杨林失水消亡。实行节水，可减少抽取地下水，

使地下水位逐步恢复,这些干枯的绿色屏障就会慢慢恢复生机。节水可以保护环境和生态。

(4)节水使能耗减少

城镇生活与工业供水管网给排水,及农业灌溉抽取地下水都需要电力。实行节水能够减少相应能源的消耗。以生活用的自来水为例,从河道与地下水中提水,需用抽水机抽水,用电加压送水才能使自来水源源不断地被送上高楼。节水后用水少了,用电也就少了,这就是节能。

(5)节水使经济成本降低,效益增加

水资源具有商品的属性,在一切经济活动中的供水与用水都有成本。节水后用水少了,成本必然降低,工程与运行费用都降低了。成本费用降低使效益增加了。

(6)节水可有效应对气候变化对水资源供需的影响

在气候变化的情景下,我国水资源受到了明显的影响,旱涝事件频繁出现。以近几年的旱灾为例,2007年有22个省发生旱情,2008年云南连续三个月干旱,2009年中国多省遭受干旱,2010年西南地区大旱,2011年长江中下游大旱。对于干旱、缺水的发生,节水自然就是一种适应性对策。另外,从前面提到的节水与节能的关系,可以看到节水能减少能耗,可间接减少能源生产过程中的二氧化碳排放。

总之,节水的好处可用"一箭多雕"来形容。节水可取得多方面效益,包括,经济效益(降低成本)、环境效益(减少污染)、生态效益(维系水生态)、适应气候(增加减灾防灾能力)和社会效益(满足用水需求,社会生活更加安定)。

七、立足节水的水资源可持续发展战略

节水以水资源合理利用为核心,节水的水利措施有很多,包括调水与海水利用等,是水资源开发利用内涵的外延。它们互相之间并不相悖,都是出于解决水资源问题之需。例如,把节水与调水相结合来解决区域水资源不平衡的问题,称之为"节流与开源并举",也就是"双管齐下"的意思,相互之间不对立、不矛盾。2002年国务院批准了南水北调总体规划,提出了"三先三后"的方针:第一,"先节水、后调水",如果调水进入的地区不把节水做好,那调来的水就有浪费;第二,"先治污、后通水",如果事先不把污染治理,就会把污水调入用水区;第三,"先环保、后用水",就是调来的水用后产生的污水要有处理措施，以避免水的二次污染。这一方针全面统筹了节流、开源和治污，能有效地发挥水资源综合利用的效益。

笔者认为，节水的内涵应当包括挖潜。大家知道，调水的费用很高，为了降低调水规模，除了节水外，还可以合理地开发受水地区可利用的非常规水源，包括海水利用，工业冷却水冲厕，雨水收集，微咸水、中水、废污水回收处理等。另外，应当指出，挖潜需要高新技术的研发，同时还要采用系统科学的理论与方法研究节水。

最后，笔者认为，厉行节水最重要的是：政策、管理体制的建立与改革。2012年初国务院《关于实行最严格水资源管理制度的意见》提出了实施水资源"三条红线"的管理，即加强用水效率控制红线管理，全面推进节水型社会建设；加强水资源开发利用控制红线管理，严格实行用水总量控制；加强水功能区限制纳污红线管理，严格控制入河湖排污总量。文件精神体现了新时期水资源管理制度的一系列重要转变，包括从供水管理向需水管理转变，从水资源开发利用优先向节约保护优先转变，从事后治理向事前预防转变，从过度开发、无序开发向合理开发、有序开发转变，从粗放利用向高效利用转变，从单纯行政管理向水资源与流域综合管理转变。2013年初国务院办公厅《关于印发实行最严格水资源管理制度考核办法的通知》具体规定了各省用水总量、用水效率和水质达标率三大指标。显然，落实这些指标与实施节水息息相关，通过实施最严格的水资源管理制度，我国的需用水规模有望平稳，趋于零增长，并保障经济社会的可持续发展。

参 考 文 献

[1] 刘昌明，傅国斌. 今日水世界. 广州：暨南大学出版社；北京：清华大学出版社，2000.

[2] Dai Aiguo, Trenberth K E. Estimates of freshwater discharge from continents：latitudinal and seasonal variations. J. Hydrometeor, 2002，3：660-687.

[3] Trenberth K E, Smith L, QianTaotao, et al. Estimates of the global water budget and its annual cycle using observational and model data. J. Hydrometeor, 2007，8：758-769.

[4] Shiklomanov I A. World fresh water resources. Water in Crisis：A Guide to the World's Fresh Water Resources. New York and Oxford：Oxford University Press, 1993：13-24.

[5] 刘昌明. 水量转换的若干问题//刘昌明，任鸿遵. 水量转换试验与计算分析. 北京：科学出版社，1988.

[6] 钱易，刘昌明，邵益生. 中国城市水资源可持续开发利用. 北京：中国水利水电出

版社,2002.

　　[7] 中国科学院水资源领域战略研究组. 中国至 2050 年水资源领域科技发展路线图. 北京:科学出版社,2009.

天外有天 地外有地
——极地充满神奇与奥秘

刘嘉麒

地质学家，中国科学院院士。满族，1941年5月生于辽宁省丹东市，籍贯北镇市。1967年长春地质学院研究生毕业，1986年获中国科技大学研究生院理学博士。曾任中国科学院地质研究所所长，中国第四纪研究委员会主任；现任中国科学院地质与地球物理研究所研究员，中国科学院大学、吉林大学、中国地质大学等院校兼职教授，中国科普作家协会理事长，国际大地测量与地球物理联合会（IUGG）资格委员会委员，国际第四纪研究联合会（INQUA）地层委员会表决委员等职。

承担和主持过多项国家级和国际合作项目，对中国广大地区和南极、北极及多个国家进行过广泛地质环境调查，系统研究了中国火山，开拓了玛珥湖高分辨率古气候研究和在火山岩中寻找油气藏的新领域，参与了国家关于振兴东北、新疆跨越式发展、浙江沿海新区开发和淮河流域环境与发展等战略研究，积极引导和推动玄武岩纤维材料在中国的开发应用……，在火山地质学、岩石学、年代学、地球化学、火山资源与灾害、第四纪地质与气候等方面做了大量系统性创新工作，取得了丰硕成果。在中国科学院大学授课31载，培养硕士、博士40余名。获得国家自然科学奖和国家科技进步奖二等奖各一项，中国科学院自然科学奖和中国科学院科技进步奖一等奖各一项，国家海洋局科技进步奖特等奖，以及首届侯德封奖等奖项，2001年被中国科协授予"全国优秀科技工作者"。

对绝大多数人来说,北极和南极是神秘的世界、遥远的地方。寒冷干燥是极地的特色,冰天雪地是那里的常态;夏季极昼,全天阳光普照没有夜晚,冬季极夜,长夜难明见不到太阳;绚丽多彩的极光犹如天宫燃放的焰火,能在瞬间把宁静的夜空映得通明。北极的夏天是南极的冬天,南极的夏天也就是北极的冬天。在南极中午看太阳不是向南看,而是向北看,这对于初到南半球的北半球人来说很不习惯。尽管那里人迹罕至,生态环境却别有洞天:海里鱼豹兴浪,空中燕鸟翱翔,企鹅在南极封后,白熊在北极称王……多彩的世界,迷人的景观,令人心驰神往。夏季去极地可以整天沐浴阳光,感受寂静、凉爽,让你享受特有的心旷神怡;冬季在极地则可体验黑夜的漫长,尽情观赏奇妙的极光……

一、地球的极颠

地球表面被约66°34′纬度线(这个数值每年都有变化)包围的部分称为极地或极圈。在北半球即称为北极或北极圈,在南半球则被称为南极或南极圈,它们分别在世界地图的最上边(北)和最下方(南)。极点是地球自转轴与地球表面的交点,分称为北极点和南极点;地理学把纬度为90°的点(经度无法表示)称为极点;地球又是个巨大磁体,磁针所指的方向为北磁极和南磁极。这样地球北、南就各有三个极点,且不重合,又在移动,即极点的位置随时变化。

北极和南极是地球的极颠,它们遥相呼应,各据一方。北极是陆地包围着海洋——北冰洋,南极是海洋包围着陆地——南极洲(图1)。

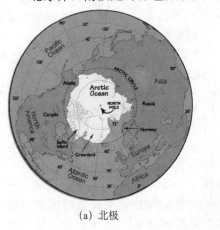

(a) 北极   (b) 南极

图1 北极与南极

北冰洋面积约 1475 万平方千米，有 2/3 的洋面为永久性海冰，冰层厚度平均 3 米。洋底有广阔的大陆架，最宽达 1200 千米以上。洋底中央横卧着两条海岭——雷蒙索诺夫海岭和门捷列夫海岭，它们将北冰洋地区分为三个海盆，即加拿大海盆、马卡罗夫海盆和南森海盆。北冰洋周边分布着大部属于大陆架范围的边缘海，通过挪威海、格陵兰海和巴芬湾同大西洋连接，并以狭窄的白令海峡沟通太平洋。

北冰洋中岛屿众多，有格陵兰岛、斯瓦尔巴群岛、北极群岛、新地岛、北地群岛、新西伯利亚群岛及法兰士约瑟夫地群岛等，总面积约 380 万平方千米，其中最大的岛屿是格陵兰岛（丹麦语：Gronland，格陵兰语：KalaallitNunaat）面积 217 万平方千米，是世界第一大岛。从北部的皮里地到南端的法韦尔角相距 2574 千米，最宽处约有 1290 千米，海岸线全长 35 000 多千米。这个被称为"绿色土地"的大岛，却有 5/6 的土地为冰层所覆盖，大陆冰川（或称冰盖）的面积达 180 万平方千米，中部最厚达 3400 余米，冰雪总量为 300 万立方千米，占全球淡水总量的 5.4%。如果格陵兰岛的冰雪全部消融，全球海平面将上升 7.5 米。那里冰雪茫茫，气候严寒，中部地区最冷月的平均温度为零下 47℃。格陵兰岛大部分地区不适宜人类居住，现有人口约 6 万人，其中 90% 是格陵兰人，其余以丹麦人为主，全岛人口主要分布在西海岸南部地区。首府努克（Nuuk）又名戈特霍布（Godthab）。整个格陵兰岛现为丹麦属地（图 2）。

南极大陆及其周围岛屿，总面积约 1400 万平方千米，是世界第五大洲；其周围的海洋称为南大洋又名南极洋，包括南纬 60°以南的太平洋、大西洋和印度洋海域，面积约 3800 万平方千米。南极大陆的海岸经常出现低压风暴，约每周一次，沿海岸线向东移动，并发出巨大的吼声，有很大的威胁性，但从不登陆。南极大陆平均海拔高度 2350 米，居世界各大陆平均海拔高度之首，最高点是玛丽·伯德地的文森山，海拔 5140 米。南极大陆约 98% 的面积常年被冰雪覆盖，素有"白色大陆"之称，冰盖的平均厚度约为 2160 米，最大厚度达 4776 米（图 3）。1983 年 7 月 21 日，苏联人在东方站记录到－89.6℃的温度。美国国家航空航天局 2013 年 12 月 9 日宣布，卫星观测数据表明，地球上最冷的地方在南极大陆东部一条无人涉足的冰脊附近，那里的最低记录是零下 93.2℃。尽管南极的冰雪很多，但年降水量却平均仅为 55 毫米。由此看来，南极是全球最寒冷、最干燥、风最强、平均高度最高的大陆。

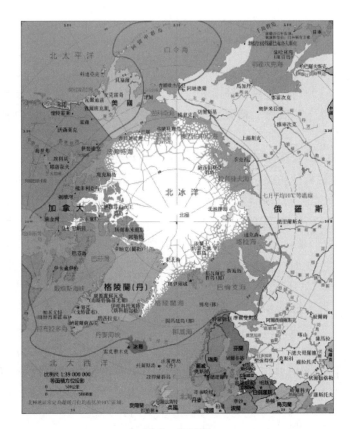

图 2　北极圈

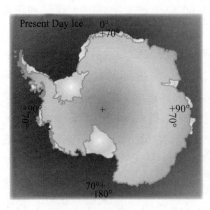

(a) 冰盖

(b) 冰山

图 3　南极的冰盖与冰山

二、通往极地的路

斯瓦尔巴德群岛是北极圈内最有生机的群岛，它位于北纬74°～81°、东经10°～35°的北冰洋中，与欧洲的斯堪的那维亚半岛隔海（挪威海和巴伦支海）相望，由斯匹次卑尔根（Spitsbergen）大岛和许多小岛组成，总面积约6.2万平方千米，是欧亚大陆距北极点最近（约1100千米）且有常住居民的一块宝地。如果说挪威（Norway）的含义是通往北极的路，那么，斯瓦尔巴德群岛便是达到北极点的桥头堡。从世界各地均比较容易到达挪威首都奥斯陆，再从奥斯陆乘飞机经过挪威北部已在北极圈内的重镇特洛姆松（Tromso），便可到达斯瓦尔巴德群岛的首府朗耶尔城（Longyearbyen）。那里已达北纬78°13′，一派极地景象。虽然朗耶尔城只有1200人，可谓世界上最小的城镇，但那里既有机场、码头、旅馆、商店、银行、邮局、学校、机关、医院等现代化城市建筑，又有图书馆、体育馆、教堂等文化设施。最令人惊奇的是那里还有一所远近闻名的新型大学——优尼斯（UNIS）。它与世界其他大学相比虽然很小，200多在校学生却来自20余个国家，并有从世界各国聘请的讲师、教授，设有包括地质学、地球物理学、海洋学、生物学和技术学等学科在内的200余门课程，供本科生、硕士生和博士生选修。整个城镇房屋别致，道路整齐，设施齐全，交通、通信都比较方便，生活也很舒适（图4）。如果旅途安排得紧凑，从世界各大城市乘飞机，几乎均可在1～2天内到达那里，这可能是通往北极的最便捷的一条路。

相对于去北极的便捷，去南极就没那么容易了。由于南极即使在夏天，也有98%左右的地面被冰雪覆盖，很难修建民用机场，一般的民用飞机不能到达那里，采用直升飞机也不行，因为航程长，途中无法降落和加油。现今要想直接到达南极，要么乘军用的大力神飞机，它可以在南极海岸的平地机场降落；要么乘坐破冰船或舰艇，它可以在南极考察站所在的港湾停泊。不过，无论是空中还是海上，航程都很长，所需时间也很长。中国考察队去南极，除了乘自己的考察船雪龙号（早期是极地号），也可从南美的智利、阿根廷等国搭乘大力神飞机去长城站，或从澳大利亚搭乘飞机去中山站。

天外有天　地外有地——极地充满神奇与奥秘

(a)

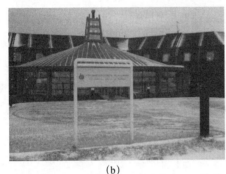

(b)

(c)

图 4　北极朗耶尔城的街道、大学和机场

三、古今极地两重天

现在南极、北极的冰天雪地并不是开天辟地就有的。在那里早已发现有丰富的煤矿，而煤通常是在植物茂盛的地区形成的，绝不会是像现今连棵乔木都没有的极地这样的不毛之地，这暗示着现今在极地的含煤陆地当初并不在极区，而是从其他地区漂移过来的。

以北极斯瓦尔巴德群岛为例，那里分布着典型的平顶山（图 5）和 V 形谷等地貌景观，记录着从 10 多亿年前到现代的连续地质档案和海陆变迁。在朗耶尔城北部冰川下面的古近系沙、页岩层中不仅有煤，还有丰富完整的阔叶植物化石，这表明当时的生态环境与现今大不一样。那么，那里是怎样从海洋转为陆地？又是怎样从植物茂盛环境转变成现在的冰天雪地？如果说当初的斯瓦尔巴德群岛不在现在的北极圈，那又是从哪来的？什么时候怎样运动到现在位置的？……南极也有类似的情况。

地球已有近 46 亿年的历史，它无时无地不在变化着。在大约 3.6 亿年前早石炭世，地球上有两个古大陆，北边的叫劳拉古陆（Laurasia），南边的叫冈瓦纳古陆（Gondwana），也有称南方大陆。冈瓦纳古陆后来解体，不同的板块各奔东西南北，逐渐形成了今日的非洲、澳洲、南美洲、南极洲和印度半岛、阿拉伯半岛。现今全球的七大洲、五大洋地质地理格局，直到 6500 万年前才基本定型，地球的演变历史也由此进入了新生代。

图 5　北极斯瓦尔巴德群岛分布着典型的平顶山

　　南极洲从冈瓦纳古陆脱胎后，带着以往的繁荣和宝藏来到南极地区，开始了自身的演变历史（图 6）。大约在 3600 万年前，地质上叫渐新世的时候，开始积雪成冰，逐渐形成现今的大冰盖。直到 800 多万年前，北极才开始形成北冰洋和北极冰盖，比南极晚了 2800 多万年。

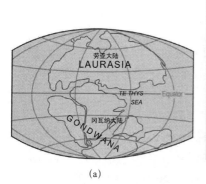

(a)

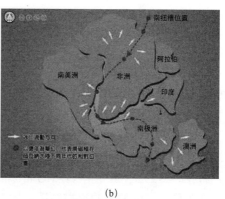

(b)

图 6　冈瓦纳古陆的演化及南极洲的形成

　　无疑，就诞生时间、陆地面积和冰雪数量而言，北极都是南极的小"弟弟"。但是,北极地区自古就有人在那里定居生活,而人类对于老"大哥"南极的涉足与认识可谓才刚刚开始。

在这冰冷的白色世界中,却还有热火朝天的火山活动。西南极的南设得兰群岛中的欺骗岛,实际是个巨大的火山。岛中间的辽阔港湾是个大火山口,火山口内有温泉,它于 1969 年发生过强烈喷发,使原来建在那里的考察站遭到毁坏(图 7)。另一座奇特的火山是埃里伯斯火山,它位于南纬 77°33′、东经 167°10′的罗斯海海岸,是地球最南端的活火山,最近的一次喷发发生在 1984 年。火山海拔高 3742 米,基座直径约 30 千米,山体和富士山相似,在白雪皑皑的天地里显得格外壮观。

(a)

(b)

图 7　南极欺骗岛的火山景观及火山口内的温泉

四、天寒地冻也生机

北极、南极均以寒冷、干燥、缺少阳光著称,即使在这样的恶劣环境下,那里仍充满着生机。夏季,许多冻土层表层解冻,便可以生长地衣和苔藓,它们是极区分布最多最广的植物。

在北极,地衣达 2000 多种,苔藓 500 多种,开花植物 100 多种。夏季到来的时候,许多地方生长着盛开的鲜花,如仙女木、北极棉等;北极狐和驯鹿等高等动物随处可见(图 8),著名的北极熊活跃在各个角落,虽不常见,据说还有 2000 多只。海中的海豹成群结队,无脊椎动物更达 1200 多种。斯瓦尔巴德群岛是北极地区最大的鸟类栖息地,每年有数万只鸟在海岸筑巢。

南极洲仅有 850 多种植物,且多数为低等植物,其中地衣 350 多种,苔藓 370 多种,藻类 130 多种。开花植物是南极洲的稀有植物,目前仅发现 3

(a)

(c)

(b)

图 8　北极的北极棉、苔藓及驯鹿

种草本开花植物，分布在南极半岛北端和南极大陆周围的海岛上，刚好越过了地球"开花植物线"的南界（约南纬 64°）。实际上，南极大陆是没有花的世界。

南极地区的飞鸟，全部是海鸟，除雪海燕外，其余均为候鸟，种类有三四十种，约 6500 万只。企鹅是南极的土著居民，全球的 20 多种企鹅，以南极大陆为中心，全部分布在南半球。生活在南极洲的帝企鹅、阿德利企鹅、金图企鹅、帽带企鹅、王企鹅、巴布亚企鹅、喜石企鹅等 7 种，总数达 1.2 亿只，占全球企鹅总数的 87%，占南极地区海鸟总数的 90%。南极洲不愧为企鹅的王国。包括企鹅在内的近 2 亿只各种鸟类主要分布在大陆沿岸及相邻岛屿上，以磷虾等海洋生物为食，有数字说每年要吃掉 4000 万吨海洋生物。

海洋生物中另一个重要族群是海豹，全世界有海豹 30 多种，约 3500 万只。南极虽只有锯齿、威德尔、罗斯、象、豹和海狮等 6 种海豹，却多达 3200 万只，占世界海豹总数的 90%（图 9）。除了海豹，南大洋也是鲸的主要衍生地，分两大类，一类为须鲸，另一类属齿鲸。最大的鲸体重达 190 吨。

(a)   (b)

图9　南极的企鹅和海豹

五、两个巨大天然聚宝盆

北极和南极,看似荒凉的土地,实际却相当富足。那里不仅有丰富的土地资源、生物资源、信息资源、旅游资源,还有丰富的能源和矿产资源,可谓地球上两个巨大天然聚宝盆。

北极的陆地、海洋和大陆架蕴藏着丰富的石油、天然气和天然气水合物。根据美国地质调查局的报告,人类目前尚未发现的石油和天然气资源中大约有1/4分布在北极地区,数量高达100亿吨左右。北美洲部分的北极藏有约500亿桶或更多的可采原油和80 000亿立方米以上可采天然气;而前苏联北极油田的产量则占其石油总产量的60%以上。所以有人称北极是个"大油库"。

北极煤藏的理论储量可能超过全球储煤量的一半。西伯利亚、阿拉斯加都有巨大的煤田,不仅储量大,而且煤质优良,具有非常高的发热量和炼焦质量,可直接用于能源和工业原料。

北极的矿产资源也很丰富,科拉半岛的大铁矿世界著名,诺里尔斯克的铜-镍-钚复合矿是世界最大矿产基地之一,贵金属(如金)和金刚石在全球也占有重要地位。

在南极,同样有丰富的矿产资源和能源,目前已经发现的就有220多种,包括煤、铁、铜、铅、锌、铝、金、银、石墨、金刚石和石油等。还有具有重要战略价值的钛、钚和铀等稀有矿藏。据科学家估计,在罗斯海、威德尔海和别林斯高晋海蕴藏着150亿桶的石油和3万亿立方米的天然气。南极洲煤的蕴藏量大约有5000亿吨。东南极维多利亚地以南的煤藏极为丰富,煤田面积达25万平方千米。同时，南极还储备了全球 70％的淡水和丰富的生物资源，仅磷虾的蕴藏量就达 10 亿～50 亿吨。从生态平衡观点看，每年可捕获 1 亿～1.5 亿吨。

虽然根据现在的国际条约，各国不能对南极有领土要求和资源开发，但这些资源早晚要为人类所利用。

六、向极地进军

极地是地球上最后一块净土，是气候环境演变的航向标和自然资源的储备库，那里的空间数据、信息资料和气候资料对航空、航天、航海乃至军事至关重要，其科学、经济、政治、军事意义不言而喻。尽管极地的自然环境不大适于人类生存，但北极圈内有领土和领海的国家已有加拿大、美国、俄罗斯、芬兰、瑞典、丹麦、挪威和冰岛。它们占据了北美洲、亚洲和欧洲大陆的北缘，常住居民有 20 多个民族、200 余万人口。各民族人口数差异很大，最多的达 30 万人，最少的只有 200 人。他们是科米人、雅库特人、可汗人、曼西人、楚科奇人、多尔干人、科亚克人、南特西人、恩加纳桑人、塞尔库比人、青卡格赫人、伊特尔曼尼人、爱斯基摩人（现称因纽特人）、阿留申人、拉普人、鄂温人、鄂温克人、恩特西人、印第安人等。

南极除了寥寥无几的考察人员和旅游者，至今还没有常住人口。但是，既然北极有那么多的人在那里居住，南极也会迎来它的主人，成为人类最后的栖息地。

随着人口的不断膨胀，资源和能源日益匮乏，人们自然要把目光投向具有巨大发展空间和潜力的极区。2007 年 8 月 2 日，俄罗斯考察队的载人潜水器从北极点下潜到 4261 米深的北冰洋海底，插上俄罗斯的钛合金国旗，以证明俄罗斯的大陆架延伸到那里，这是对北极欲望的明白诠释。极地必将成为，其实已经成为人类争夺的热土。

古往今来，无数勇士冒着生命危险去探索它、朝拜它，留下了许多传奇故事。柏拉图的学生亚里士多德（公元前 384～前 322 年）奠定了"地球"这一概念，并考虑到为与北半球大片陆地相平衡，南半球也应当有一块大陆；同时为避免地球"头重脚轻"，造成大头（北极）朝下的局面，北极一带应当是一片比较轻的海洋。在这种设想的启发下，希腊人毕则亚斯于公元前 331 年开始了有史以来的第一次向北极冲击。后来荷、挪、英、俄等多国探险家相继而至，荷兰人巴伦支 1595 年 5 月第三次北极旅行发现斯匹次卑尔根岛，绘制了北极图；英国约翰·富兰克林探险队从 1819～1847 年多次向北极点冲击，最后 105 人全军覆灭；直到 1909 年，美国人罗伯特·比尔里成为到达北极点的第一人。

探索南极的征程比北极更艰巨，来得也更晚。1768 年，海军出身的英国人詹姆斯·库克最早进入南极，发现了属于南极的乔治亚岛。1911 年 12 月 15 日，挪威人罗尔德·阿蒙森第一个到达南极点。34 天后，英国人罗伯特·斯科特也跟踪而至，不幸在归途中遇难身亡……人类向极地进军的步伐从未停止。许多英雄志士为探索北极和南极奥秘贡献了他们的宝贵年华乃至生命。也正是由于那些大无畏的探险家、科学家对未知世界的执着追求与探索，才发现和开拓了许多新大陆，开辟了许多新的天地。

极地从理论上说是属于全人类的，但事实上，只有加入了北极条约和南极条约才有机会在极地事务中发挥作用，只有在极地建立了科学考察站，有人到那里开展工作，占领一席之地，才有资本获得极地事务的话语权。

中国于 1925 年 7 月 1 日成为《斯瓦尔巴德条约》的协约国，1983 年 6 月 8 日加入南极条约，2013 年 5 月 15 日，成为北极理事会（Arctic Council）正式观察员。中国的极地事业虽然开展得比较晚，发展却很快。继 1985 年第一个南极科考站——长城站（图 10）——建立之后，中山站（1989 年）、昆仑站（2009 年）和北极的黄河站（2004 年）也相继建立，2014 年 2 月 8 日又在海拔高度 2621 米的南极东部伊丽莎白公主地（76°58′ E，73°51′S），介于中山站和昆仑站之间建成泰山站（图 11）。这样，我国在南极大陆内部已建成了两个考察站——昆仑站及泰山站。如今已有 20 余个国家在南极、10 多个国家在北极建立了数十个常年科学考察站。中国是同时在北极和南极及南极大陆内部建站的少数几个国家之一，已成为国际极地事务的重要成员。

图 10　南极长城站一瞥

图 11　南极泰山站

征服极地和征服空间一样重要，都是强国的象征，强人的事业，从本质上说，就是实力，就是强大。中华民族不仅要知晓自己拥有的陆地和海洋，也要着眼极地和空间，那是人类共同的财富。天外有天，地外有地，中国人应该也能够在极地事业中更有作为。

轨道交通建设与文物保护

周家汉

　　中国科学院力学研究所研究员，中国工程爆破协会副理事长，国家文物局文物建筑保护评审专家。长期从事爆破理论和爆破技术应用的研究工作，曾两次获得中国科学院科技进步奖二等奖和全国科学大会科技成果奖，2011 年获中国科学院院地合作先进个人（科技类）二等奖。提出的塌落振动速度计算公式已被国内外爆破工程师广泛用于爆破拆除工程设计计算；研究列车运行振动对文物建筑的影响，提出采用既有线的列车运行振动传播的规律和"比例距离"的方法来预测高速铁路列车运行振动，为我国古建筑物防工业振动控制标准制定提供科学数据，为多项轨道交通建设项目线路与文物古建筑间的距离确定提供了科学依据。

一、振动对文物影响问题的提出

振动是自然界常见的一种物理现象,现代社会的生产活动和现代人们的生活活动都在产生振动,如轨道交通运行、爆破、振动冲击强夯加固地基、锤击破碎加工石料等。人们一方面要利用可能产生振动作用的功效,同时又在受到振动的伤害,如乘坐汽车跑得快了,却要遭受汽车颠簸振动的危害。在能高效达到一定施工目的的同时,振动可能危及相邻建筑物的安全和影响人们的正常生活。《中华人民共和国环境保护法》明确定义振动是一种公害。因此防止震动造成损害是许多工程建设设计和施工中要关心的重要问题。爆破作业的有害效应之一是爆破振动对周围环境的影响;轨道交通振动更是一种经常发生在我们身边的振动现象。

我国历史悠久,文物建筑和古迹特别多,为保护文物艺术宝库,国家于1982年就颁布了《中华人民共和国文物保护法》。对于我国许多重要的古建筑、名胜古迹,国家先后确定了一批国家级和省级重点文物保护单位。随着国家经济建设的发展,一些现代社会活动对文物保护的负面影响也相应出现。

古建筑物或是重要的文物古迹,特别是古塔类建筑物由于它们的建筑年代久远,有的数百年,有的上千年,甚至更长的。它们经历了无数自然灾害的袭击或人为的伤害,或多或少都存在着这样那样不同程度的损害和破坏。它们的现状难以用现代力学给于准确的描述和评价。一方面我们从古代建筑看到了我们祖先的睿智、高超的建筑艺术和施工质量,同时又不得不承认当时认知的局限性,有限的生产能力和材料品种,或是结构设计不合理,使得有的建筑物基础承载能力不够,不少建筑就难以保存到现在。由于累积的伤害,严重降低了它们抵抗自然灾害和现代社会活动带来的干扰的能力。因此,专门研究确定它们可以承受的振动安全控制值是十分必要的。

20世纪80年代初,洛阳市想在龙门石窟东边3公里处建设一个年产120万吨的石灰石矿山。矿山建设和生产都要进行爆破作业,爆破时总有一部分炸药的能量引起爆破作业地界附近地面的振动,尽管3公里外的爆破在龙门石窟区产生的振动量值很小,但是这样大小的振动若长期地存在,就会对早已遭受风水剥蚀的石窟文物的保护极为不利。龙门石窟文物已存在一千多年了,我们希望他们还能保存下去,一千年,两千年。为了保护龙门石窟文物,即使是具有很高价值的矿山资源,我们也只能优先选择保护好文物,放弃矿山开采。

　　同样，为了保护好龙门石窟文物，铁路也要让道。在修建焦枝铁路复线，确定洛阳龙门段选线方案时，当时任国务院副总理的邹家华同志曾指示说：铁路要建设，文物要保护。铁路列车运行振动是存在的。铁路振动有多大，铁路要外移，移多远合适要进行科学论证。经过实地监测铁路列车运行振动和分析研究，1992 年在国家发改委评价焦枝铁路复线选线方案时，提出以龙门石窟区的地脉动为标准，让焦枝铁路复线东移 700 米，为龙门石窟在 2000 年一次申报世界文化遗产成功，奠定了必要的基础条件。

　　因此我们认为，对古建筑的振动安全标准原则上应是以回避现代社会活动的干扰影响确定一个保护范围，依据科学分析给出有足够安全性的振动约束值。

二、发展轨道交通是解决城市交通拥堵的根本出路

　　随着经济发展和城市化进程的不断加快，世界各国在不同程度上都出现了城市的交通拥堵问题。近年来，对于中国的诸多大都市而言，交通拥堵已成为困扰政府、困扰市民的一个严重问题。如何解决城市的交通问题呢？人们普遍认同的一种途径是：优先发展以轨道交通为骨干的城市公共交通系统。解决交通拥堵问题的根本出路也在于建设完善的公共交通体系，其中构建比较完整的轨道交通网络是基础。所以，发展轨道交通是北京等大都市的公共交通体系建设的重中之重。因为轨道交通具有运量大、速度快、安全、准点的特点，而且可以保护环境、节约能源和土地资源。只有中国高速铁路网的建成才能满足春节人们回家团聚的运输高峰需求，只有建设城市轨道交通网才能解决上下班时段的拥堵状况（图1）。目前，城市轨道交通已构成北京、上海等城市公交系统的重要组成部分。这点可以用下列数据来说明：2010 年 9 月 22 日至 24 日，北京地铁 8 条运营线路共运送乘客 1290 万人次，平均 425 万人次/天；而在 22 日一天内，日运送乘客达到 660 万人次。2012 年 2 月 25 日网上报道，北京城铁每天载客量已超过 700 万人次。4 月 30 日北京有 6 条线路每天客运量超过 100 万人次，其中 1 号线客运量超过 160 万人次、2 号线超过 150 万人次、4 号线超过 120 万人次。因此，建设更多的快速轨道交通势在必行。仍以北京为例，2015 年北京将建成 18 条轨道交通线路，构建成总长 561 公里的路网。届时，北京将超过纽约，成为世界上地铁长度最长的城市。

图 1　北京地铁拥堵状况

三、发展轨道交通和文物保护的矛盾

　　发展城市轨道交通，在中国，并非只是北京几个大城市的需求。有报告统计说，中国已有 36 个城市上报城市轨道交通建设规划，截至 2010 年 3 月，中国已有 33 个城市正在筹备建设城市轨道交通，其中 28 个城市的轨道交通建设规划已经获得国务院的批复，包括古都西安、南京等。截至 2010 年，江苏只有南京开通了地铁，苏州、无锡正在修建地铁，而常州、南通、镇江、扬州、徐州等苏南、苏北的重镇，都在规划未来的地下铁轨。有人这样说，"没有地铁的城市是一个不完整的城市"。

　　然而，轨道交通建设在解决城市交通拥堵问题的同时也带来文物保护等一系列新的环境保护问题。众所周知，北京、西安这些历史文化名城有很多很多的文物建筑和历史遗迹需要保护。因此，规划好城市发展的未来、建设好现代新城、展现好古代文明，是北京、西安等文明古城发展所面对的共同课题，其中一个重要方面是解决好轨道交通建设和文物保护之间的矛盾。

　　有报道说，在捷克一条繁忙的公路、轨道交通线附近，有一座古建筑因振动而产生裂缝，裂缝不断扩大导致古教堂的倒塌。而在北京，亦有多处文物受地铁运营列车振动的影响，有墙体开裂、损坏的现象。据有关媒体报道，国家文物局公布了全国人大常委会执法检查组关于检查《中华人民共和国文物保护法》实施情况的报告，近 30 年来全国消失的 4 万多处不可移动文物中，有一半以上毁于各类建设活动（参见 2012 年 8 月 12 日《北京晨报》）。对此种情况，人们痛心地说到：文物消失多毁于"建"！

内蒙古赤峰二道井子遗址为青铜时代遗址，属于距今 4000～3500 年前的夏家店下层文化。考古发现部落村庄遗址城墙、环壕、院落、房屋等聚落要素，布局井然有序。这一文化是内蒙古最早进入青铜时代的考古学文化遗存，与中原文化存在着密切的联系，在探索中国文明起源与草原文化发展脉络方面，具有不可替代的学术地位。该遗址是迄今为止发掘保存最为完整的夏家店文化遗址，也是东亚地区保存最好的土质城堡。2009 年，被中国社会科学院评为"2009 年全国六大考古新发现"，被国家文物局评为"2009 年全国十大考古新发现"。2009 年 9 月，国家文物局组织专家进行论证，明确将该遗址列为全国重点文物保护单位，并要求高速公路对原方案进行调整，对采取绕行还是隧道下穿方案进行研究和保护措施的分析、论证与评估。专家评审意见认为采用隧洞方案，遗址保护不确定因素多，没有把握，担心多于可靠，建议采用绕道方案。可惜，2010 年初，国家有关部门批复原则同意高速公路以隧道下穿方式通过遗址。三年后，笔者在遗址地面看到有伸进手指宽的纵向贯穿性裂缝（图 2）。

图 2　夏家店文化遗址地面开裂状况

1. 轨道交通列车振动的特点

我们知道，和地震、爆破作业一样，轨道交通运营总有一部分能量会传递到邻近地层中，导致地面振动，过强的振动将导致文物的损坏。

和地震、爆破等产生的振动相比较，轨道交通导致的振动有如下特点：①轨道交通导致的振动作用是长期存在的；②轨道交通导致的振动是重复、反复发生的;③轨道交通振动是一种微振动,其作用时间很长。尽管人们已采取了多种减震隔振措施,其振动能量仍能导致临近地面的振动,从而形成建筑物的响应振动。此外,在轨道上运行的列车的振动还可能导致(或是加速)地铁轨道周边地层基础的下沉(或者说,不均匀下沉),从而引起地面建筑墙体裂缝,造成局部损坏。不少国家都把振动列为典型公害加以防止和控制。由于轨道列车运行振动的低频分量难以完全消除和控制,地铁列车振动可能带来的干扰已引起了社会各方面的关注和重视。

2. 文物古建筑的特点和保护要求

众所周知,我国把可移动的和不可移动的一切历史文化遗存都称为文物。其中,可移动的文物,一般称为文化财产;不可移动的文物,一般称为文化遗产。对具有历史价值、文化价值、科学价值的历史遗留物采取的一系列防止其受到损害的措施,这个过程叫做文物保护。如何保护好文物,《中华人民共和国文物保护法》对此作了明确的规定,其中有关条文要求:①各级人民政府应当重视文物保护,正确处理经济建设、社会发展与文物保护的关系,确保文物安全;②文物是不可再生的文化资源。国家加强文物保护的宣传教育,增强全民文物保护的意识,鼓励文物保护的科学研究,提高文物保护的科学技术水平;③文物保护单位的保护范围内不得进行其他建设工程或者爆破、钻探、挖掘等作业。在全国重点文物保护单位的保护范围内进行其他建设工程或者爆破、钻探、挖掘等作业的,必须经省(自治区、直辖市)人民政府批准,在批准前应当征得国务院文物行政部门同意。

文物古建筑物不同于现代建筑物,它们的受力状况难以检测,难以用现代力学方法给予准确的描述和评价。这是因为:①古建筑年代久远,有的数百年,上千年,甚至更长;②它们经历了无数自然灾害的袭击或人为的伤害;③它们的现状存在着或多或少、不同程度的损害和破坏。在过去的岁月里,特别是冷兵器时代,没有现代工业、交通的影响,文物建筑物周边的环境振动是很小的,尽管天然地震无法避免。所以它们能保存至今,成为我们的文化遗产。然而,现代社会对古建筑文物的干扰很多,而振动是最常见、影响最多的干扰。这类伤害的逐渐累积,严重降低了它们抵抗现代工业、交通干扰的能力。鉴于古建承受振动干扰能力降低,原则上我们要尽量控制人为震源的产生和强度,在无法避免产生时要尽量控制人为震源的强度,特别是现代交通产生的振动。因此,我们希望它们远离需要保护的文物建筑,远点,再远点!

3. 文物古建筑振动控制标准

振动对地面建筑物的影响程度用地震烈度表示,烈度说明地面建筑物的损坏或破坏程度、地表的变化状况，还有人的感知程度。地面振动强度用地面质点振动速度表示。关于地震烈度和振动速度与对地面建筑物的影响情况，引用相关标准和文件要求见表1。

表1　地震烈度和振动速度对地面建筑物影响的相关标准和文件要求

振动速度	状态及说明
200毫米/秒，烈度8°	多数民房破坏，少数倾倒；坚固的房屋也有可能倒塌
20毫米/秒，烈度5°	室外大多数人都能感觉到震动；抹灰层出现细小裂缝；为一般砖房、非抗震的大型砌块建筑物的允许振动值
2毫米/秒，烈度1~2°	可感振动；原机械委部颁标准JB16-88《机械工业环境保护设计规定》对于古建筑严重开裂及风蚀者，控制振动速度V=1.8毫米/秒（10~30赫兹）
0.20毫米/秒	《古建筑防工业振动规范》（GB/T 50425-2008）对国家重点文物建筑（砖木结构）的振动控制标准
0.02毫米/秒	苏州虎丘塔地脉动值（0.01~0.03毫米/秒）、洛阳龙门石窟地脉动值（洛阳地震台监测）、莫高窟石窟地脉动值

从表中我们看到，当地面振动速度为20毫米/秒时，其振动强度相当于地震烈度5°，振动可能造成一般民房产生新的细小裂缝。房屋振动产生裂缝是人们不能接受的，因此，多数国家（我国也是这样）把振动速度为20毫米/秒定为民房的振动控制标准。振动速度为2毫米/秒，是一般人稍加注意可以感觉到的振动（也叫"可感振动"），其振动强度相当于地震烈度2°。我们很难接受这样的标准，就是让文物古建筑长期处在可感的振动环境状态下，特别是全国重点文物保护单位（注意：原机械委部颁标准JB16-88《机械工业环境保护设计规定》对于古建筑严重开裂及风蚀者，控制振动速度V=1.8毫米/秒（10~30赫兹））。因此我们说，再低一个量级，即《古建筑防工业振动规范》（GB/T 50425-2008）对国家重点文物建筑（砖木结构）的振动控制标准。用振动速度为0.2毫米/秒，定为国家级文物建筑的控制标准，不算苛刻或是要求过分。只有这样，才能让国家级文物古建筑处在一个安静的环境中。

一般而言，古建筑的振动安全标准原则上应是回避现代社会活动的干扰影响，其振动安全控制的最高标准就是环境振动的本底大小。换言之，对古建筑的振动控制的最佳状态应是原生环境的状态。

四、列车运营振动传播规律

高速铁路、城市地铁以其速度快、运能大、安全、舒适等特点已逐渐被人们接受。20世纪90年代，国家规划建设的京沪高速铁路全长1300千米，实施全封闭、全立交式的客运专线。铁路设计时速为 300 千米,基础设施可满足 350 千米的时速要求。修建京沪高速铁路将是我国在新世纪前 10 年投资额度较大的项目之一。在要修建高速铁路的京沪铁路沿线人口密度高,建筑物密集。高速铁路选线需要进行环境综合评价,选线方案的确定及随之而来的动迁任务是一个十分复杂的社会问题和耗资巨大的经济问题。为了能在既有铁路苏州站处建设高速铁路苏州站,京沪高速铁路通过虎丘塔处线路在满足高速列车运行速度要求的条件下将要往北移动 200 余米,高速铁路将比现在的铁路更靠近虎丘塔。虎丘塔是国家重点文物保护单位,是苏州的标志性建筑物。为了确保虎丘塔在高速铁路建成后不受影响,需要论证高速铁路列车运营振动传播规律,并对虎丘塔的稳定性影响进行评估。

尽管世界上有不少国家修建了高速铁路或是城市轨道交通,但有关高速铁路或地铁列车运行造成的两侧地面振动的资料很少。为此,中国科学院和铁道部设计院共同立项开展了列车运行振动传播规律的研究。研究工作是在对既有线列车运行地面振动测试的基础上,分析列车运行振动传播规律。研究报告提出采用既有线的列车运行振动传播的规律和"比例距离"的方法来预测高速铁路列车运行振动。

1. 既有铁路列车运营振动的测试

1998 年,研究项目曾经对京沪线苏州段和广深线石龙段(含高架桥)列车运行产生的地面振动进行了测试。测点距离铁路最远点 400 米,记录了 24 小时区段的上下行列车(客车、货车)。其时,京沪线客车最大速度为 119.5 千米/小时,广深线客车最大速度为 199.7 千米/小时。

把在不同测点测得的不同车速、不同车型的列车通过时的振动速度峰值绘在双对数坐标图中,看到距离铁路近的地方,地面振动速度大,随至铁路距离的增加,振动速度减小。离铁路一定距离以外的地方,地面振动较小。在京沪线苏州段既有线测试时,6 号测点距离铁路 358 米,当不同速度的列车通过时其振动速度最大值无多大变化。说明在一定距离以外的地方,不同列车速度的变化、列车载荷的变化对地面振动强度无明显影响。

货车通过时产生的地面振动大于客车,即使客车运行速度比货车要快,说明列车轴重是影响振动强度的重要因素。机车的重量大于列车车厢的重量,单机车头通过时的振动强度和整趟列车通过时差别不大,只是作用时间短一些。列车在连续高架桥上运行时,列车运行产生的振动能量引起高架桥的振动而被吸收,传至地面的能量减少,桥跨段两侧地面的振动强度比路堤情况下要小。

2. 列车运营振动传播规律

列车运行时，部分能量将转变成地面的振动。列车运行振动是一个移动性线状振源，铁路振动是一类在观测时间内振幅变化不大的环境振动，一种稳态振动。这里，我们关心的是考察地段的地面振动强度峰值，分析影响地面振动大小的各种影响因素，我们可以用下式表示：

$$v = f\ (P,\ V,\ N,\ \rho,\ E,\ R,\ L,\ \alpha,\ \beta)$$

其中：v—地面振动速度（米/秒），P—列车轴动载荷（吨/米），V—列车速度（千米/小时），N—列车车辆数，ρ—地层介质密度（克/厘米^3），E—介质的弹性模量（兆帕），R—至观察点的距离（米），L—车厢长（或轮距），α—地形、地质构造因素系数，β—轨道磨擦、路基或桥体的吸收系数。N，α，β 为无量纲参数。采用无量纲参数进行量纲分析，上式可写成：

$$\frac{v}{c} = f\ \left(\frac{P}{EL^2}, \frac{R}{L}, \frac{V}{(E/\rho)^{1/2}}\right)$$

采用无量纲参数组合，我们可得到下式：

$$v = f\ \left(\frac{PV}{cER^2}\right)$$

影响地面振动强度的主要因素是：列车轴动载荷 P，距离 R，列车速度 V。随着列车载重量的增加，地面振动强度增大，所以，重载货车作用下的路基地面的振动强度大；地面振动速度大小与列车速度有关，列车速度高，对地面振动影响也大；随着距离的增加，振动强度减弱，距离越远振动速度越小，随着至铁路的距离的平方关系而减少。可见距离的远近比列车速度或载重量的大小不同对造成地面振动的影响大。

通过实测数据整理分析，可将 $v = f\ (PV/cER^2)$ 改写成：

$$v = K\ (R/\ (PV)^{1/2})^{\alpha}$$

$R/\ (PV)^{1/2}$ 称作比例距离 R_j，上式可简化成 $v = K\ (R_j)^{\alpha}$。

若以比例距离描述振动速度的衰减时，在 v—R_j 图中，对于普通快速列车（110 千米/小时）的比例距离 R_j 是原距离坐标 R。高速列车的比例距离 R_j 要比普通快速列车（110 千米/小时）的坐标大（$(PV)_j/\ (PV)_1$）$^{1/2}$ 倍，即 R 向右移动（$(PV)_j/\ (PV)_1$）$^{1/2}$（图 3）。

3. 京沪高速铁路苏州站位确定与虎丘塔保护

根据对既有线实测的地面振动衰减规律，采用由高速列车速度、列车重量和距离组成的比例距离 R_j，我们可以推算京沪高速列车运行时的地面振动速度衰减规律。图 3 是以广深线上快速列车速度 110 千米/小时的地面振动衰减规律

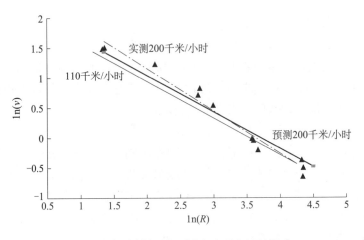

图 3　采用比例距离预测高速列车运行振动

为基础，采用比例距离预测列车速度 200 千米/小时的计算值和实测值的比较，其实测地面振动速度值和预测计算值十分接近。采用比例距离预测高速列车速度为 300 千米/小时的地面振动传播规律。为确保虎丘塔处的振动仍和现在的环境振动状况一样，高速铁路选线或是苏州站位的确定需要轨线距离虎丘塔的距离应不小于 700 米。图 4 为京沪高铁苏州段至虎丘塔距离示意图。

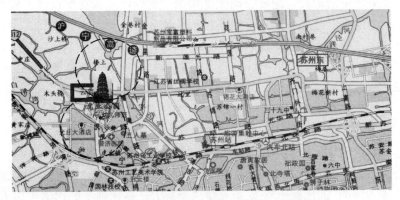

图 4　京沪高铁线位与苏州虎丘塔距离（示意图）

五、北京地铁 6 号线避绕紫禁城

地铁 6 号线是经北京中心城区的东西向的主干道。在 6 号线上运行的列车最高时速将达到 100 公里，是在市区中运营速度最快的列车。这是又一条穿越北京旧城的地铁线路。应当说，北京地铁要进旧城，是不可避免的，但是我们一定要做好文物保护。原规划设计的地铁 6 号线是从阜成门进入内城，经西四站、北海公园站、美术馆东街站向东，在东四和地铁 5 号线交汇。在北海公园站，6 号线将在故宫护城河下经过，地铁隧道距离紫禁城西北角楼仅 20 米。

在 2007 年 11 月 23 日国家文物局召开的一次评审会上，力学专家从振动控制角度提出意见：根据北京、上海地铁列车运行振动规律，原设计路线在角楼处产生的振动速度将不满足国家标准；合适的振动安全距离应不要小于 50 米。

因此，专家们给出的评审意见是：①北京地铁不进旧城是不现实的，但是一定要做好文物保护。不进皇城是必须坚持的；②皇城根下不要动土，否则会影响皇城角楼地基的稳定，要有一个底线；③建议做一个北海、故宫段避绕紫禁城的比较方案，从北海下穿行或其它走向；④规划设计单位对运行振动对文物建筑的影响，要进行充分科学的论证分析，要从最安全的角度来考虑。

2013 年，北京地铁 6 号线一期工程已建成投入运营，其经过北海公园段便是听取专家评审意见后的修改线路，在从阜成门进入内城的北海段上，将原设置的西四站、北海公园站、美术馆东街站更改设置为平安里站、北海北站、南锣鼓巷站、东四站。换句话说，6 号线向北推移，经东皇城根绕到东四，再向东行（图 5）。

图 5　北京地铁 6 号线避绕紫禁城线位修改示意图

北京在其他地铁线路建设中，十分注意避绕古建筑文物。例如，北京地铁 8 号线二期工程要经过鼓楼，为保护鼓楼，其线路没有从鼓楼地下穿过，而是西移距离大于 50 米，还将鼓楼车站向南移，距离鼓楼 100 米。从而避免了近距离干扰鼓楼基础。又如，北京地铁 16 号线在通过动物园里面时，为保护畅春楼，线路向南偏移。

然而，北京轨道交通建设还有一些问题值得关心。例如，北京地铁 2 号线在正阳门楼和前门箭楼间通过，我们从照片可以看到地铁车站就设在正阳门前（图 6）。20 世纪 70 年代建设的 2 号线列车时，我们对地铁列车运行振动知道的不多,现在我们知道 2 号线列车运行导致前门的振动强度超过国家标准规范允许值。

图 6　北京地铁 2 号线和前门的位置

北京地铁 8 号线三期工程经过前门,2 号、8 号两线列车在前门站交汇,在交会站处双向列车、4 列列车交汇时的振动叠加效应有多大? 我们应注意调整或控制轨线与前门箭楼的距离,避免再对前门箭楼增加振动干扰了。

六、西安地铁避绕大雁塔

1. 西安地铁穿越钟楼引起的讨论

西安,古称"长安",是举世闻名的世界四大文明古都(雅典、罗马、开罗、西安)之一,居中国古都之首,是中国历史上建都时间最长(1100 年)、建都朝代最多(13 朝)、影响力最大的都城。现在地面建筑仅存有唐代大雁塔、明长安城的钟楼和城墙等遗址。

西安钟楼,建于明太祖朱元璋洪武十七年(公元 1384 年),位于西安市中心城内东西南北四条大街的交汇处,是我国古代遗留下来众多钟楼中形制最大、保存最完整的一座。和大雁塔一样,被称为西安的标志(图 7)。

2012 年 9 月,西安地铁 2 号线已经建成通车运营,西安地铁 2 号线穿越古城并在钟楼两侧绕行。原设计认为由于周边建筑物的限制,2 号线在穿越钟楼时,2 号线右线距钟楼基座仅 15.4 米,左线距钟楼基座 15.7 米。修建地铁前,实测数据表明地面现有公共交通在钟楼、南北城墙处产生的振动都已超过 0.4

图7　西安钟楼繁忙的夜景

毫米/秒（参见《陕西省环境监测中心站监测报告〔陕环监字（2006）第002号〕》），其值已大于2008年建设部颁布的《古建筑防工业振动规范》控制标准。2007年西安开工修建地铁2号线，制定"文物保护方案"时，钟楼振动控制标准是依据原机械委颁布的"精密仪器振动控制标准"（1.8毫米/秒），其值大小是可感振动，显然不能满足钟楼文物建筑振动控制的要求。我们很难接受这样一个事实，就是让文物古建筑处在可感的振动环境状态下，特别是全国重点文物保护单位。因此，2号线不应在钟楼下通过，现有绕钟楼的公共交通道路也应外移，以减少振动对钟楼的影响。

规划中的西安地铁6号线拟要穿城而过并且在钟楼下与2号线交汇。在这样的线位下，由于地铁2号线和6号线的交叉将改变钟楼原来的受力状态，减弱钟楼基础抗震能力，两线地铁运行振动的叠加效应对钟楼的影响就更难控制到满足国家规范要求。因此，西安地铁6号线的线位设计要"慎重考虑四条地下线路是否必须均要穿入城区内"。6号线应移出城外，走城南大道的方案，避免在钟楼交汇，减少对西安古城文物建筑的影响。

2. 西安地铁4号线避绕大雁塔

西安地铁4号线规划线路是从航天基地至草滩，沿途经过大雁塔、解放路、火车站、大明宫、北客站等大型客流集散点，该线拟从北向南穿城而过，出和平门后经大雁塔继续南行。

大雁塔建于唐，五代时改建七层，平面呈正方形，由塔基和塔身两个部分组成。大雁塔在唐代就是著名的游览胜地，至今仍是古城西安的标志性建筑，也是闻名中外的胜迹。

大雁塔不比钟楼,已经倾斜多年,并且下面极有可能有地宫,要防止受到地铁建设可能带来的损坏。为满足国家规范标准要求,地铁不应从大雁塔下方穿越。为此,中国科学院专家向国务院上书关于地铁建设对大雁塔、城墙等文物的影响较大,建议调整线位。时任国务院总理温家宝对此做了重要批示,西安地铁规划设计部门已修改原设计的线位,在 4 号线大雁塔段新方案中,地铁线路与大雁塔之间的距离,已东移到 176 米,绕过大雁塔后再回归雁塔南路,以尽量减少对大雁塔的影响(图 8)。

图 8   西安地铁 4 号线避绕大雁塔线位图

地铁列车长期运行振动对钟楼、古城墙等文物建筑保护十分不利,对于古城保护,特别是西安古城保护,应当是城内做减法、城外做加法,要尽力使西安古城安静下来。

七、结语

文物建筑、文化遗产是老祖宗给我们后人留下的宝贵遗产,是全民族、全人类的共同财富。它们不但属于今天,更属于未来。因此,将它们真实、完整地留传下去,是我们义不容辞的职责。

保护好文物,人人有责。我们必须提高全民族的爱护、保护文物的意识,保护好文化遗产,为子孙后代造福。在现代建设和文物保护要兼顾时,应当遵循"建设避让为先、保护文物为主"原则,特别是当涉及北京的紫禁城、西安的钟楼和大雁塔等标志性古建筑物时。规划好城市发展的未来、建设好现代新城、展现好古代文明是北京、西安等文明古城发展面对的共同课题，妥善处理解决好城市发展和文物保护的矛盾。

参 考 文 献

[1] 中华人民共和国住房和城乡建设部、中华人民共和国国家质量监督检验检疫总局．中华人民共和国国家标准《古建筑防工业振动技术规范》（GB/T50452－2008）.2008

[2] 钱德生，马筠，译．日本高速列车沿线居民区噪声和振动的允许标准

[3] Schuring J R Jr, Konon W. Vibration Criteria for Landmark Structures

[4] 周家汉．高速铁路列车运行振动传播规律研究．"力学2000"学术大会论文集．北京：科学出版社，2000

[5] 杨振声，周家汉，周丰俊，等．爆破振动对龙门石窟的影响测试研究报告．工程爆破文集（第三辑）．北京：冶金工业出版社，1988

轨道交通建设与文物保护

纳米酶：新一代人工模拟酶

阎锡蕴

1993 年在德国海德堡大学获博士学位，1996 年在美国 Memorial Sloan-Kettering 癌症研究中心完成博士后研究，1997 年入选中科院"百人计划"。现任中科院生物物理研究所研究员，蛋白质与多肽药物重点实验室主任，中国生物物理学会副理事长兼秘书长，亚洲生物物理协会主席。

从事科研 30 年，从基础研究到应用研究取得了一系列具有国际影响的创新性成果，发表学术论文 140 余篇，发明专利 34 项，成果转化 4 项。她是纳米酶的发现者并将其应用于肿瘤诊断与治疗，研究成果陆续发表在 *Nature Nanotechnology*（2007 年和 2012 年），PNAS（2014 年）等权威期刊，引起物理、化学、生物和材料等领域广泛的关注，两次入选中国十项重大科学进展（2007 年，2012 年）；*Science News*，*Nature nanotechnology*，*Chem Soc Rev* 和 *Nature China* 分别发表评述文章，称这项工作开拓了纳米酶研究新领域，推动了纳米科学与生物学的交融，拓展了纳米材料在生物医学领域的应用。她作为第一完成人获 2012 年国家自然科学奖二等奖，2010 年全国优秀科技工作者，2012 年中国科学院十大女杰，她领导的团队荣获 2014 年度中国科学院巾帼建功先进集体。

纳米是长度单位，1 纳米仅是一根头发丝直径的 8 万分之一。在宇宙中，许多物质当细微到纳米尺度时，会发生奇特的变化，出现一些不同于原来组成（如原子、分子或宏观）物质的特殊性能。正如美国科学家 Richard P. Feynman 在 1959 年最早提出"如果人类能够在纳米尺度上加工材料并制备装置，我们将有许多激动人心的新发现"。纳米技术是指在 1～100 纳米尺度下对物质进行测量和加工制造的技术。正如当年虎克发现显微镜，把人们对自然界的认识从宏观带入到微观，发展了微生物学那样，如今，纳米科学与技术将引发一场新的工业革命，正在悄然地改善着我们的生活。

纳米酶（Nanozyme）就是一个典型的例子，它是指一类内存类似酶催化特性的无机纳米材料。一般情况下，无机纳米材料被认为是化学惰性的物质，自身不具备催化功能。然而，我国科学家最早发现，一些无机材料在纳米尺度会出现奇特的催化性能，并系统地比较了纳米酶与天然酶的催化效率与机理，发现纳米酶既不同于天然酶，也不同于化学酶，它是一种双功能分子，除了催化功能之外，还具有独特的物理和化学特性。自 2007 年纳米酶问世以来，一直受到物理、化学、材料、生物环境和医学等多个领域科学家的高度关注，越来越多不同形貌、尺度和材料的纳米酶相继涌现。科学家在探究纳米酶催化机制的同时，还将其应用于医学、化工、食品、农业、环境监测与治理等多个领域，并逐渐形成了纳米酶研究和应用的新领域。

一、纳米酶的发现

酶是一类具有催化功能的生物分子，参与自然界一切生命活动，其特点是催化效率高、底物专一。然而，由于大多数天然酶都是蛋白质，遇到热、酸、碱等非生理条件，容易发生结构变化而失去催化活性。另外，酶的制备工艺复杂，而且价格昂贵。为了获得稳定而便宜的高效催化剂，科学家一直在寻求通过化学合成方法制备人工模拟酶（Artificial enzyme），如环糊精、冠醚、卟啉等，也被称为化学酶。

纳米酶是一类新型的人工模拟酶。2007 年，我国科学家首次报道 Fe_3O_4 无机纳米粒子本身具有类似辣根过氧化物酶的催化活性[1]，第一次把无机纳米材料与天然酶进行了系统地比较研究，发现纳米酶的催化效率、反应动力曲线和催化机制都与天然酶极为相似。据此，科学家提出了纳米酶的新概念。

如图 1 所示，Fe_3O_4 纳米粒催化三种底物，并产生与天然辣根过氧化物酶完全相同的颜色反应，即催化 TMB 产生蓝色产物，催化 DAB 产生棕色产物，催化 OPD 产生红色产物。更有趣的是,纳米酶的催化活性与其尺度有关,即相同质量的纳米酶,粒径越小,催化活性越高。当研究者第一次看到无机纳米材料有如此高效的催化活性,既兴奋又怀疑。为了排除反应系统中可能由于污染所致的假象,研究者做了非常严格的对照,包括检测不同尺度和不同来源的 Fe_3O_4 纳米粒、各种缓冲液、底物以及酶标抗体等。经过无数次反复实验后,排除了各种污染的可能性,最终确认 Fe_3O_4 纳米粒子本身催化过氧化物酶底物。

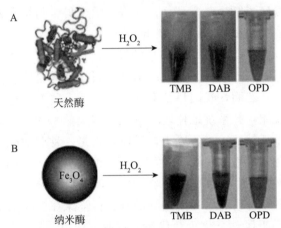

图 1 比较 Fe_3O_4 纳米酶与天然辣根过氧化物酶的催化活性

随后,需要回答的另一个科学问题是,纳米酶的催化效率及其催化机制。经过系统地研究和比较纳米酶与天然酶的各种催化参数,发现纳米酶的催化效率与天然酶相当,催化动力学符合米氏曲线,催化机理属于乒乓机制。深入研究发现,纳米酶的催化发生在其表面,受诸多因素影响,其中 Fe^{2+}/Fe^{3+} 转换是关键,而且在相同质量时,粒径越小催化效率越高,这种尺度效应正是纳米科学研究的核心问题。

纳米酶的问世改变了人们过去认为无机纳米材料属于惰性物质的传统观念,丰富了人工模拟酶的内涵,使其从有机复合物拓展到无机纳米材料。当上述实验结果在国际上报道之后[1],迅速引起了物理、化学、材料、生物环境和医学等多个领域科学家的高度关注。美国著名纳米科学家 J. Manuel Perez[2] 称,纳米酶的发现不仅揭示了无机纳米材料的新特性,而且必将拓展纳米材料在医学、环境、生物技术等多个领域的广泛应用。我国著名化学家汪尔康院士在国际权威期刊 *Chemical Reviews* 发表题为 "Nanozyme: the next generation of artificial enzyme" 综述文章。自 2007 年首次报道以来,在全球许多实验室得到验证并应用，逐渐形成了纳米酶研究与应用的新领域。

二、纳米酶的特点

纳米酶是一种双功能分子，除了催化功能之外，还具有纳米材料独特的物理和化学特性。例如，Fe_3O_4 纳米酶不仅具有过氧化物酶的催化功能，还具有超顺磁性。因此，根据纳米材料理化性质的不同，纳米酶也被视为双功能分子或多功能分子。那么，如何把纳米酶的催化活性与其物理和化学特性巧妙地结合起来，创造出更多奇特的新功能，将是有待研究的新课题。

纳米酶之所以被如此重视，是由于它具有高效催化活性。这有望弥补传统模拟酶普遍存在催化效率低的问题。纳米酶具有与天然酶相似的催化活性和机理。以辣根过氧化物酶为例，在其活性中心存在一个含铁的卟啉环，酶的高效催化正是通过铁原子的氧化还原而实现的。Fe_3O_4 纳米酶的表面含有大量的铁原子，尽管其催化活性受诸多因素的影响，但纳米酶表面 Fe^{2+}/Fe^{3+} 之间的转换是纳米酶高效催化的关键。

如同 HRP 天然酶一样，Fe_3O_4 纳米酶的催化机理也符合乒乓机制，即 Fe_3O_4 纳米酶首先催化 H_2O_2 产生羟基自由基，生成 Fe_3O_4 纳米粒-自由基复合物，后者再催化底物 TMB 或 OPD 或 DAB 并产生颜色反应。利用电子自旋共振方法，可以检测到在 Fe_3O_4 纳米酶的催化反应体系中存在典型的羟基自由基（·OH）的信号。然而，在不含 Fe_3O_4 纳米粒的溶液中未检测到羟基自由基的信号。

纳米酶催化底物的动力学曲线，如同天然酶一样，也符合米氏方程。以 Fe_3O_4 纳米酶催化双底物（H_2O_2 与 TMB）的颜色反应为例，纳米酶对于底物 TMB 的米氏常数 Km 值比天然酶（HRP）小，说明 Fe_3O_4 纳米酶对底物 TMB 的亲和力高于 HRP（表1）。但是，对于另一底物 H_2O_2 而言，Fe_3O_4 纳米酶的 Km 值比天然酶 HRP 高。这一结果与 Fe_3O_4 纳米酶催化反应所需最适 H_2O_2 浓度高于 HRP 所需浓度是一致的。除了 Fe_3O_4 纳米酶外，其他多种纳米酶也表现出相似的特性，即对 TMB 具有较高的亲和力，对 H_2O_2 则相对较低。这种现象可能与纳米材料表面的物理和化学性质有关，纳米材料具有较大的比表面积，表面电荷丰富，相貌复杂，容易吸附带正电的 TMB，造成较高的亲和力。

表 1　Fe_3O_4 纳米酶催化动力学参数[3]

	[E] (M)	Substrate	K_m (mM)	V_{max} (M s^{-1})	k_{cat} (s^{-1})
Fe_3O_4 MNPs	11.4×10^{-13}	TMB	0.098	3.44×10^{-2}	3.02×10^4
Fe_3O_4 MNPs	11.4×10^{-13}	H_2O_2	154	9.78×10^{-2}	8.58×10^4
HRP	2.5×10^{-11}	TMB	0.434	10.00×10^{-2}	4×10^3
HRP	2.5×10^{-11}	H_2O_2	3.7	8.71×10^{-2}	3.48×10^3

注：[E] 酶浓度，K_m 米氏常数，V_{max} 最大反应速度，k_{cat} 催化常数

　　纳米酶所需的催化反应体系，如同天然酶一样，也依赖于 pH、温度和底物浓度。以 Fe_3O_4 纳米酶为例，它的最适反应温度为 40℃，最适反应 pH 为 3.5。如同 HRP 天然酶，其催化活性也受底物浓度的调节。低浓度 H_2O_2 促进 Fe_3O_4 纳米酶的催化反应，而随着浓度的升高，催化活性受到抑制。然而，与天然酶不同的是，Fe_3O_4 纳米酶更稳定，能适应较大范围的 pH 和温度变化，即使经过 pH 10 或 80℃ 的条件处理后，仍然保持 80% 的催化活性。这些特性使纳米酶在工业、农业、环境等领域具有更加广阔的应用前景。

　　纳米酶具有再生功能。纳米酶与生物酶或者化学催化剂相比，具有更好的稳定性，对多种极端条件（如高温、酸碱等）耐受，经过回收后仍然具有良好的催化活性，可以反复使用。以 Fe_3O_4 纳米酶降解苯酚为例，纳米酶可以高效降解引发水污染的苯酚，利用纳米酶所独有的磁学性能，可以快速将纳米酶从反应溶液中分离回收，回收后的纳米酶可以再次用于苯酚降解，这样经 5 次循环使用后纳米酶的催化活性仍能保持[4]。纳米酶的这种再生能力，可以节省成本，符合绿色化学发展的需要。

　　自从首例纳米酶被报道以来，各种不同无机材料的纳米酶不断涌现，催化类型也不断丰富。从纳米酶的材料组成来看，主要包括金属氧化物、贵金属纳米材料和非金属类纳米材料[5]。目前，报道最多的是金属氧化物纳米材料，其中以铁氧化物纳米材料为主。另外，纳米酶还有不同的催化类型，主要是过氧化物酶、过氧化氢酶和氧化酶的催化活性。有趣的是，某些纳米酶在不同反应条件下，可以表现出不同的催化活性。例如，Fe_3O_4 纳米酶在酸性环境中出现过氧化物酶活性，这是由于纳米酶催化过氧化氢产生羟基自由基，后者与辣根过氧化物酶的底物反应。然而，在 pH 7 的中性反应条件下，Fe_3O_4 纳米酶分解过氧化氢产生氧气和水，表现出过氧化氢酶的催化特征。

三、纳米酶的应用研究

　　与传统的模拟酶相比，纳米酶的催化效率较高，同时结构稳定，并具有可

规模化制备及价格较低的特点。因此，自纳米酶出现以来，与其相关的应用研究也与日俱增。下面主要以目前研究比较多的过氧化物纳米酶为例，介绍其在临床疾病检测、抗菌、环境治理、农药等领域的应用研究。

1. 肿瘤检测新技术

纳米酶的出现，为肿瘤检测提供了新思路和新技术。辣根过氧化物酶是临床检测中常用的重要试剂，用于免疫检测的信号放大。例如，免疫组织化学是国际公认的肿瘤诊断"金标准"，也是临床判断患者肿瘤是良性还是恶性的重要手段。基本原理是通过第一个抗体识别肿瘤，第二个抗体标记过氧化物酶，与底物反应后使信号放大。这种方法通常需要至少2~3种抗体和3~4个步骤，检测时间为3~4小时，而且抗体价格高昂。

随着纳米酶的出现，研究者用纳米酶取代辣根过氧化物酶，获得了与常规免疫组化相类似的结果。更有趣的是，最近研究者利用仿生原理合成了一种纳米小体，称为磁性铁蛋白纳米粒，它由蛋白质外壳（直径12纳米）和铁内核（直径8纳米）两部分构成。研究者发现这种纳米粒子是一个双功能分子，其蛋白质外壳能够识别肿瘤细胞，而磁铁内核具有催化功能，能使与其结合的肿瘤细胞显色，从而区别正常细胞[6]。

研究人员利用磁性铁蛋白的新特性，建立了肿瘤检测新技术。通过对临床常见肿瘤标本的筛查，发现它能够与9种常见肿瘤特异结合，包括肝癌、肺癌、结肠癌、宫颈癌、卵巢癌、前列腺癌、乳腺癌以及胸腺癌。检测结果与临床常用免疫组化方法一致。然而不同的是，这种新技术仅通过一种纳米粒子，即可在1小时内完成肿瘤检测，使常规免疫组化的多步法变为一步法，检测时间由原来的4小时缩短为1小时，提高了病理诊断效率，为癌症病人的治疗赢得时间。另外，也为解决目前临床使用的抗体大多为国外进口，不仅价格高昂而且容易变性的问题提供了新途径。因此，纳米肿瘤探针的出现，将为肿瘤诊断带来革命性的变化。

2. 血糖和尿酸的检测

葡萄糖检测是糖尿病监测的重要内容。目前，临床检测葡萄糖的方法是葡萄糖氧化酶比色法，其原理是通过双酶联用体系，即首先用葡萄糖氧化酶催化葡萄糖产生过氧化氢，然后用辣根过氧化物酶催化过氧化氢产生羟基自由基，后者与底物反应并产生颜色。葡萄糖的含量是根据颜色信号的强弱而定的。

研究者利用了纳米酶的催化功能，不仅取代比色法中的辣根过氧化物酶，而且由于纳米酶的物理特性还可以把葡萄糖氧化酶直接固定到纳米粒的表面，在葡萄糖氧化酶催化葡萄糖产生过氧化氢的同时,纳米酶便可以直接发挥其过氧化物酶的催化活性。这种方法能够较为迅速地检测葡萄糖的含量[7],不仅简便方便,而且成本更低,稳定性较高,具有很好的应用前景。

3. 血清标志物检测

临床上最常用的血清免疫检测方法是双抗夹心法,即用一种抗体捕获待测样品中的抗原,用另一个酶标抗体使其显色,并通过比色法测得抗原的含量。辣根过氧化物酶在上述免疫检测中发挥着信号放大的作用。自从纳米酶出现,研究者试图用纳米酶取代天然酶,这不仅是由于天然酶容易变性且价格高昂,更重要的是利用纳米酶本身的磁性特征,使纳米酶标记的抗体探针不仅识别抗原,而且在外加磁场时,还能使血清中痕迹量的抗原迅速与其他物质分离,并使目标抗原得到富集,从而提高检测灵敏度。因此,这种将分离、富集和检测三功能于一体的免疫检测方法(图2),有望成为解决目前由于检测技术灵敏度不够而难以实现痕量肿瘤标志物检测的问题,为肿瘤的早期诊断提供新途径。

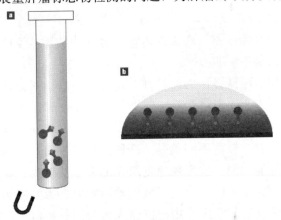

图 2　基于纳米酶的免疫检测新技术

4. 血液循环细胞检测

在正常人体的外周血中,通常检测不到肿瘤细胞。然而,在肿瘤病人的血液循环中存在循环肿瘤细胞,这是肿瘤转移的重要途径之一,其细胞的数量通常与疾病的严重程度和预后密切相关。因此,循环肿瘤细胞被认为是一种新的标志物,对肿瘤的诊断及预后判断具有重要价值。目前,检测循环肿瘤细胞的方法主要有密度梯度离心法、免疫磁珠分离法和细胞流式分析法。目前最为方便和常用的方法,是将免疫磁珠分离法与细胞流式分析法结合在一起应用。这样通过磁珠分离避免了血液中其他复杂成分的干扰，同时流式分析提高了循环内皮细胞数量的检测效率。

最近，研究者基于纳米酶的磁性与催化特性，设计出一种新的方法，用于循环细胞的检测（图3）。这种新方法是用免疫磁珠捕获循环肿瘤细胞，用另一种标记生物素的抗体，不仅识别所捕获的肿瘤细胞，而且还使其显色。原理是检测抗体标记的生物素，与链霉亲和素结合，由于后者连接多个葡萄糖氧化酶，在葡萄糖存在下，分解葡萄糖产生双氧水，后者被纳米酶催化而显色。

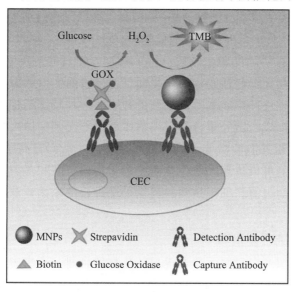

图3　基于纳米酶检测血液循环中的靶细胞

5. 抗菌作用

纳米酶的抗菌作用是最近发现的。众所周知，过氧化氢是常用的杀菌消毒剂。这是由于过氧化氢能分解产生自由基，从而破坏细菌的活性组分，如细胞膜、蛋白、核酸等。然而，过氧化氢产生自由基的效率很低，催化剂能使其反应加速。最近，研究人员发现，纳米酶作为催化剂能够提高过氧化氢产生自由基的效率，从而增强杀菌消毒的效果。在低浓度过氧化氢存在时，微量的纳米酶即可杀灭100%大肠杆菌，而单独使用过氧化氢的杀菌效率低于15%[8]。

最新研究发现，纳米酶在过氧化氢存在时，可以催化过氧化氢产生大量的自由基，有效降解蛋白、核酸和多糖。这种降解反应对pH依赖性不强，在酸性、中性和碱性条件下均可完成，但会受温度影响，在37℃时的反应效率高于室温的反应效率。其反应机理是纳米酶催化过氧化氢产生自由基,后者会攻击核酸分子,打断核酸链内部的化学键,使核酸大分子降解为小分子片段。这一降解反应同样适用于蛋白质。与核酸降解反应相似,蛋白降解反应在 37℃ 时的反应效率高于室温的反应效率;不同的是该蛋白降解反应受 pH 影响,在酸性 pH 条件下蛋白降解效率最高。这种降解反应的不同可能是由于核酸与蛋白质的分子结构不同造成的,核酸分子是一种链状分子,没有致密的三级结构,自由基攻击时比较容易;而蛋白分子大多具有复杂的三级结构,抗自由基氧化能力比较强,因此需要更极端的条件,如酸性 pH。根据以往对纳米酶活性的研究结果,在酸性 pH 条件下,催化活性最佳能加快蛋白的降解速度。

纳米酶可能在清除细菌生物膜(biofilm)方面具有应用潜力。在现实中,细菌生物膜广泛存在,包括医疗器械表面、牙齿表面伤口感染、尿路感染以及肺部感染形成的囊性纤维病变等。细菌生物膜有一种特殊结构,以及外部有多糖、核酸和蛋白组成的胞外聚合物,细菌在其内部受到保护。细菌生物膜的存在,使得抗生素和其他药物分子难以进入生物膜,从而提高了细菌的抗药性。实验证明,纳米酶可以快速降解生物膜中的蛋白、核酸和多糖,从而灭杀其内部的细菌。纳米酶为清除细菌生物膜提供了一种新的杀菌方法,具有重要的应用前景。

6. 环境监测与污水治理

环境监测的重要内容之一是监控过氧化物的含量。雨水中,在有过氧化氢存在时,能氧化溶解于其中的含硫化合物、含氮化合物,形成 H_2SO_4、HNO_3 等酸性物质,使雨水酸性升高,从而形成酸雨($pH < 5.5$),对环境产生严重的危害。传统检测过氧化氢的方法是使用辣根过氧化物酶,但在酸雨监测中,有时过酸的条件可能会影响天然酶的活性,影响最终的检测结果。虽然人工模拟酶可替代,但其活性低于天然酶。然而,纳米酶的出现为解决这一问题提供了新的思路。由于纳米酶的催化效率高,可以快速检测出雨水中过氧化氢的含量,并且还能反复利用,因此纳米酶可以取代天然酶用于对环境的监测。

纳米酶还可以用于污水处理。我们知道,苯酚是存在于污水中最有害的致癌物质,如何去除污水中的苯酚是污水治理的重要内容。研究者发现,纳米酶可以通过催化过氧化氢,产生大量自由基,后者能够有效降解污水中的苯酚,使其成为无毒的二氧化碳、水和小分子有机酸。相对于天然酶对反应条件要求苛刻、容易变性失活的局限性,纳米酶稳定性好、成本低,而且可循环使用、对环境友好无害,并且对多种污染物都具有降解作用。因此,纳米酶在污水治理方面的应用正在广泛开展。

7. 农药和化学毒剂的监测

化学毒剂是指能够杀伤人畜的有毒化学品，通过蒸气、气溶胶或粉末污染空气、地面和水源，经呼吸道、皮肤、眼等引起人、畜中毒伤亡。理想的化学消毒剂应具有高效、广谱、低毒、稳定性好、腐蚀性低等特点。现在装备中，含氯消毒剂都有较好消毒效果，但是这些消毒剂本身具有毒性、腐蚀性且对环境有污染。

纳米酶是一种理想的消毒剂。它具有温和可控、催化剂可回收重复利用等优点。笔者基于纳米酶的催化功能，建立了对有机磷农药杀虫剂及神经毒剂沙林的检测方法。这种检测系统是由纳米酶、乙酰胆碱酶和胆碱氧化酶组成的。乙酰胆碱酶和胆碱氧化酶在底物乙酰胆碱存在的条件下，催化底物分解产生H_2O_2，后者在过氧化物纳米酶的催化作用下，产生自由基并进一步催化 HRP 底物产生颜色。当有机磷神经毒剂存在时，乙酰胆碱酶的活性被抑制，从而降低过氧化物酶底物 H_2O_2 的产生，使催化显色变弱，这些颜色变化反应有机磷神经毒剂的多少。

科学家基于这种纳米酶的新型检测方法，对三种有机磷化合物进行了检测，分别是有机磷农药乙酰甲胺磷、甲基对氧磷和神经毒剂沙林。这种新的检测方法表现出明显的浓度依赖性的颜色变化。检测结果与传统的基于酶活性的分析方法一致，可以灵敏的检测出 1 纳米的沙林，10 纳米的甲基对氧磷及 5 纳米的乙酰甲胺磷。更重要的是，这种纳米酶的检测方法适应在多种条件下操作，并且简单价廉。

四、展望

纳米酶的问世，不仅改变了纳米材料被认为是生物惰性物质的传统观念，还为研究纳米材料的生物效应提供了一个新的视角；不仅丰富了模拟酶的研究内容，使其从有机复合物拓展到无机纳米材料，还拓展了纳米材料的应用。鉴于纳米酶是一类既有纳米材料的独特性能，又有催化功能的模拟酶，如何把纳米酶的这种双功能特性巧妙地结合起来，创造出更多具有奇特功能的纳米酶，更好地服务于人类健康及生存环境应是今后有待研究的新课题。

参 考 文 献

［1］Gao L Z, Zhuang J, Nie L, et al. Intrinsic peroxidase-like activity of ferromagnetic nanoparticles. Nature Nanotechnology, 2007, 2: 577-583.

［2］Perez J M. Iron Oxide Nanoparticles Hidden Talent. Nature Nanotechnology, 2007.

［3］Wei H, Wang E K. Nanomaterials with enzyme-like characteristics (nanozymes): next-generation artificial enzymes. Chemical Society Reviews, 2013, 42: 6060-6093.

［4］Zhang J B, Zhuang J, Gao L Z, et al. Decomposing phenol by the hidden talent of ferromagnetic nanoparticles. Chemosphere, 2008, 73: 1524-1528.

［5］Gao L Z, Yan X Y. Discovery and current application of nanozyme. Progress in Biochemistry and Biophysics, 2013, 40: 892-902.

［6］Fan K L, Cao C Q, Pan Y X, et al. Magnetoferritin nanoparticles for targeting and visualizing tumour tissues. Nature Nanotechnology, 2012, 7: 459, 765-765.

［7］Wei H, Wang E. Fe_3O_4 magnetic nanoparticles as peroxidase mimetics and their applications in h2o2 and glucose detection. Analytical Chemistry, 2008, 80: 2250-2254.

［8］Zhang D, Zhao Y X, Gao Y J, et al. Anti-bacterial and in vivo tumor treatment by reactive oxygen species generated by magnetic nanoparticles. Journal of Materials Chemistry B, 2013, 1: 5100-5107.

［9］Zhuang J, Zhang J B, Gao L Z, et al. A novel application of iron oxide nanoparticles for detection of hydrogen peroxide in acid rain. Materials Letters, 2008, 62: 3972-3974.

重离子治癌进展概述

詹文龙

中国科学院副院长、党组成员，原子核物理学家，中国科学院院士，研究员。十七届、十八届中共中央委员会候补委员。2008 年 1 月，他任中国科学院副院长、党组成员。出生于福建厦门，毕业于兰州大学现代物理系。曾在法国大加速国家实验室、美国哥伦比亚大学（布鲁海门和伯克利国家实验室）做访问学者。历任中科院近代物理所研究室主任、副所长、所长，兰州重离子加速器国家实验室副主任。

他主要从事重离子实验核物理研究和大科学工程建造，他从 20 世纪 80 年代开始参加低能重离子反应机制研究，80 年代中期进入中能重离子核物理研究，主要参加放射性束物理的早期实验，建立具有特色的放射性束流分离装置，开展新核素合成和奇异原子核结构研究。90 年代开始相对论重离子碰撞研究。90 年代后期负责进行国家大科学工程"兰州重离子加速器冷却储存环"的研制。近年来组织基于兰州重离子加速器的重离子治癌临床研究。

一、重离子治疗癌症的优势

癌症死亡率在我国高居第一位,每年新增癌症患者 320 多万。国家对此高度重视,"开发重大疾病防治技术,提升国民健康水平"已列为国家科技发展规划的"重点任务"。手术、化疗和放疗是癌症的三大主要治疗手段。目前,放射治疗主要采用电子束、X 和 γ 射线等常规射线,但常规射线进入人体后剂量主要损失在浅表部位,致使周围正常组织损伤,造成明显毒副作用。与之相比,由于重离子(元素周期表上重于 2 号元素并被电离的粒子)束具有剂量损失集中于射程末端(Bragg 峰区)的物理学特性和高的相对生物学效应,因而对肿瘤周围健康组织的损伤很小,对癌细胞的杀伤作用特别强。重离子的射程和剂量可以在线监控,从而可以进行分层适形精确治疗,照射治疗的时间短、剂量小,无需辅助药物,无痛苦感,适宜于治疗未扩散的局部肿瘤特别是其他方法无效的或复发的难治病例。同时,在 Bragg 峰区造成的损伤主要为不易修复的 DNA 双链断裂,治愈率高,可有效杀死对常规射线不敏感的乏氧肿瘤细胞,不存留肿瘤核。经过数十年的研究,碳 12 被优选为重离子治癌的最佳的离子,除了上述的优点外,在治疗过程中微量的碳 12 变成碳 11 或碳 10 同位素,利用这些同位素衰变发出的正电子可以准实时定位,这能有效地提高治疗的准确性,缩短治疗周期。所以,重离子治癌被誉为 21 世纪最理想的先进、有效放射临床治疗(图 1)。

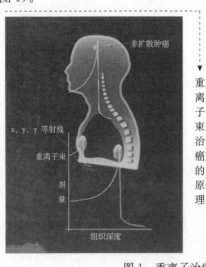
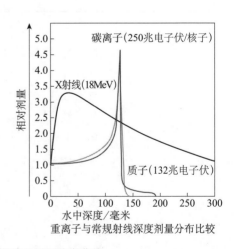

图 1　重离子治癌的原理及剂量分布曲线

二、重离子治癌研究及应用现状

美国是国际上最早（1975 年）开展重离子治癌研究的国家，开创了重离子治癌的先河，取得了许多宝贵的经验。在美国先驱性的研究基础之上，日本与德国继承性地将重离子治癌研究进一步深化与发展。日本除重视重离子治癌基础方面的研究之外，开发了多种被动式束流配送系统下的适形照射治疗技术，包括重离子呼吸门控对因患者呼吸等因素而运动肿瘤靶区的照射治疗技术，研发了基于同步加速器的紧凑型重离子治疗专用装置，努力进行重离子治疗技术在日本全国的推广。日本政府规划未来十年内，在全日本建造 50～60 个重离子治疗中心，使得日本国民受益于重离子治癌。德国开创了重离子主动式束流配送的先例，并且开发了基于生物学效应的重离子治疗计划系统，使得重离子可以对毗邻重要脏器的肿瘤靶区进行精确治疗，同时开发了世界上首台重离子治疗旋转机架，在不改变患者体位的前提下实现了多射野适形调强照射。目前欧洲已建成多台重离子治疗专用装置并开始患者治疗，同时在大力开发主动式束流配送系统下的运动肿瘤靶区主动跟踪照射治疗技术。中国科学院近代物理研究所进一步完善了被动式束流配送系统下的适形照射治疗技术，开发了主动式束流配送技术，利用兰州重离子加速器研究装置开展重离子治癌临床试验，使我国成为世界上继美国、日本和德国之后第四个自主实现重离子治疗肿瘤临床试验研究的国家。至今，国际上重离子治癌已成功治疗了 8000 多患者。

三、我国重离子治癌的研究进展

我国的重离子治癌研究主要基于兰州重离子加速器国家实验室的重离子研究装置上分三阶段进行。

第一阶段，中国科学院近代物理研究所自 1993 年就开始了重离子治疗癌症的应用基础研究工作。研究团队通过大量的细胞和动物实验，开展了重离子辐射生物学基础效应研究，深化了重离子束治疗肿瘤的机理研究，获得了一系列重要的数据和有显示度的成果，为进一步高效杀伤肿瘤组织、提高肿瘤局部控制率，最大限度地保护肿瘤周围正常组织提供了理论的解决途径和可行的方案。同时，研发了面向生物学效应可实现多种照射治疗方式的重离子治疗计划系统，首创利用大小微型脊形过滤器组合或微型脊型过滤器从不同角度倾斜组合照射治疗技术，减小了展宽 Bragg 峰后沿的剂量半影，进一步保护了肿瘤靶区后方的危及器官和敏感组织,提高了重离子治疗的疗效。

第二阶段,在兰州重离子加速器研究装置上先后建成了浅层(距体表深度2.5厘米以内)和深层(距体表深度2.5~30厘米)两个治疗终端,研制成功重离子治癌束流配送系统,攻克了主动变能量慢引出技术难题,研制成功束流剂量监测探测器、束流位置和均匀性监测探测器,实现了重离子深部肿瘤治疗过程中束流特性的实时监控,包括束流强度、束流位置与均匀性、治疗前治疗计划的验证以及治疗过程中束流剂量的监测(图2)。

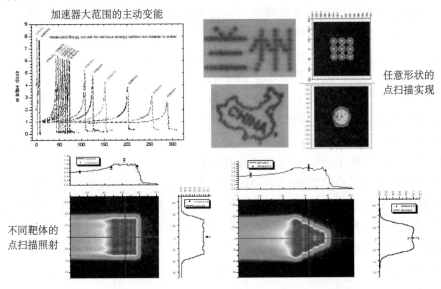

图2 束流配送系统工作原理

2006年,甘肃省卫生厅和科技厅在中科院近代物理研究所设立重离子治疗临床研究基地,近代物理研究所与兰州军区兰州总医院和甘肃省肿瘤医院合作开展重离子治疗肿瘤临床试验(图3)。截至目前,已经完成了浅层103例和深层110例肿瘤患者的临床治疗,肿瘤类型涉及肝癌、肺癌、脑瘤、脊索瘤、黑色素瘤、前列腺癌、头颈部肿瘤、骨及软组织肉瘤、乳腺瘤等。治疗后的随访率达到96%以上,大部分患者的肿瘤已完全消失,其余的也有不同程度的缩小,疗效非常显著,而且无明显的不良反应。通过临床试验,确定恶性黑色素瘤和软组织肉瘤等为新的重离子治疗适应症。

第三阶段,中科院近代物理研究所在完成国家"九五"重大科学装置"兰州重离子加速器冷却储存环"和前两个阶段重离子治癌研究的基础上,从2007年开始设计建造医院专用的临床重离子治癌装置,开始重离子治癌的产业化。

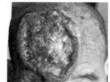
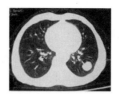
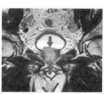

| 右上臂Merkel细胞癌 | 额顶皮肤鳞癌 | 肺癌转移 | 前列腺癌转移治疗 |

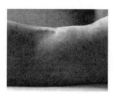

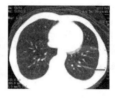
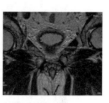

| 右上臂Merkel细胞癌
治疗后3个月 | 额顶皮肤鳞癌
治疗后12个月 | 肺癌转移
治疗后6个月 | 前列腺癌转移治疗
治疗后18个月 |

图 3 部分肿瘤治疗的效果图

该研究工作得到了科技部 973 项目"重离子治癌关键科学技术问题研究（2010CB834200）"和"高能离子束与物质相互作用的微观机理研究（2010CB832900）"的大力支持。

四、我国重离子治癌产业化前景

作为放射治疗最先进的方法，重离子治癌就像一把无疼痛感的外科手术刀，其疗效主要对没扩散的局部肿瘤。由于重离子治癌本质上是物理疗法，对于扩散的肿瘤只能治标难于治本，加上需要大型设备使成本居高不下，此外，生物科学的突飞猛进，因此，观望等待客观上延缓了重离子治癌的推进，如德国。然而，随着生活、医疗水平的提高，人们不断追求健康生活，而基因治疗等生物治疗临床还需时日，因此，中国重离子治癌产业化的机遇就像中国高铁的发展符合国情。有利的因素有：①独立自主的知识产权和先进的制造技术；②专科治疗概念，使装置规模随需求优化，大量增加需求；③新技术的研发使装置小型化，使治疗设备逐步提高性价比；④科教结合培养高水平的治疗、维护人员；⑤政府、医疗和企业界的重视。

通过"九五"国家重大科技基础设施——兰州重离子加速器冷却储存环的建造和重离子治疗机理研究及临床试验的经验，近代物理研究所自主设计了小型紧凑、医院适用的重离子治癌专用装置，并申请了 60 多项专利。该装置可提

供能量为 $80 \sim 400\mathrm{MeV/u}$ 的碳离子束，最大照射深度 27 厘米，能满足治疗全体位肿瘤的需要，其主加速器（同步加速器）周长 56 米，是国际上最短的，因而性能价格比相当高，具有很强的国际竞争力（图4）。

图4 自主研发的重离子治癌装置模型

中科院近代物理所已分别与兰州市政府、武威市政府及相关单位签订合作建设当地重离子治疗中心（示范）项目的协议，启动了兰州医用重离子加速器、武威医用重离子加速器的研制工作，已进入设备安装阶段。中科院近代物理所还建设兰州重离子医学研究中心和测试调试中心，满足医用重离子加速器设备测试、调试的需要。

中科院近代物理所制定了医用重离子加速器的企业标准，正在与国家药监局积极沟通，申请医用重离子加速器的制造和配置许可，从而逐步实现目前最大的医疗器械装置的产业化推广。相信不久的将来，重离子治癌一定会使更多患者受益，在人类征服癌症病魔的过程中做出重要贡献。

突发灾害和力学

白以龙

中国科学院力学研究所研究员。主要从事材料的力学行为的研究，在热塑剪切带、非均匀材料损伤演化和灾变破坏、爆炸力学等领域，先后发表学术论文百余篇，出版英文专著二部。他于 1991 年获中国科学院自然科学奖一等奖，1992 年获国家自然科学奖二等奖，1999 年获何梁何利科学技术进步奖，2000 年获周培源力学奖，2007 年获得 John Rinehart 奖，2010 年获得陈嘉庚数理科学奖。

一、自然和工程的突发灾害

在漫长的历史中,人类曾遭遇过不计其数的灾害。图 1 是国科联(ICSU)给出的近一世纪的统计,可以清楚地看到,各类灾害发生的数目,一直在上升,这使得人类的生命和财产受到巨大损失。为此,在上世纪末,联合国曾经在全球发起过"减灾十年"的大规模的活动〔第 42 届 UN General Assembly 确定 1990's 为 International Decade for Natural Disaster Reduction(IDNDR)〕。但是,进入新世纪之后,灾害依然频发。以我国的地震灾害为例,2001 年和 2008 年先后发生两次 8 级以上的地震,其中 2001 年 11 月 14 日在新疆、青海交界处的昆仑山发生 8.1 级地震,在昆仑山口以西形成了 400 多千米长的地表破裂带;2008 年 5 月 12 日的汶川地震更是造成了死亡 8 万人的损失。

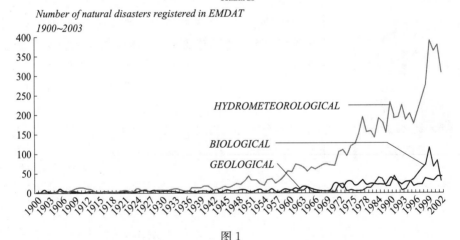

29th ICSU GA (2005):
Natural and Human-Induced
Hazards

图 1

1988 年春,在美国夏威夷群岛上空飞行的一架波音 737 民航班机,在飞行中忽然发现一些小裂纹很快相互连接,造成机身顶部 6 米多长的外壳脱落,惊险的一幕是电影"九霄惊魂"的原型。引起这起事故的几条小裂纹均在承载的容限以内,但是,不巧的是这几条小裂纹的空间分布非常不利,容易贯通,这种细节最终酿成事故。

回顾历史,每一批典型的灾难性事故,都导致力学和工程健康管理的进步。例如,自由轮断裂推动断裂力学和断裂韧度发展,彗星号事故推动喷气机民用化，航天飞机和飞机事故推动健康管理进步。

因此，自然灾害的预报和工程的健康运行，就成为人们一直追求的一个目标。如果我们能进一步预测灾害和认识工程的健康状况，则可能采取更有效的措施降低灾害造成的损失。那么，问题的难点究竟在哪里呢？

二、演化诱致突变

我国有一句成语：蝼蚁之穴，溃堤千里，表达了对某些细节会酿成大灾害的深刻理解。它来自两千多年前战国的韩非，韩非在"韩非子·喻老"篇中写道："千里之堤以蝼蚁之穴溃，百尺之室以突隙之烟焚。固曰，白圭之行堤也塞其穴，丈人之慎火也涂其隙。是以白圭无水难，丈人无水患。此皆慎易以避难，敬细以远大者也。"但是，在他千年之后的唐代，同是韩姓的大学者韩愈，道出了真理的另一面：他在"调张籍"中写道"蚍蜉撼大树，可笑不自量"。那么，问题关键点就成为，从科学上来讲，什么样的细节对大局没有影响，什么样的细节会酿成大灾害？就象上面讲到的 737 客机的事故。

我们生活在一个主要由固体介质支撑的环境，固体介质的破坏引起的灾变几乎涉及人类生活的一切方面，如强烈地震、滑坡、大型建筑物的垮塌以及飞机和航天器失事等。这类灾难性事件从科学的角度讲，属于固体介质的灾变破坏现象。但是，这类固体介质的一个重要特点是在多个尺度上均具有非均匀性，而且这些非均匀性在空间的分布是无规则的。多尺度无序非均匀性脆性介质的典型代表之一是天然的岩石。当它们接近破坏时，起初并不明显的某些无序非均匀性和随机性细节可能会起关键性作用。他们会启动类似"多米诺骨牌"效应的级串效应，从而使得微细的损伤汇成大规模的破坏，形成大灾害。中国地震局的研究者注意到损伤力学中有一种最新的模型，叫做演化破坏模型（Evolution Induced Catastrophe—简称 EIC 模型）。EIC 模型表示了材料中损伤的逐渐积累到材料整体破坏的突发转变过程。地质和大多非均匀材料中存在许许多多的微损伤，如岩石中的裂纹和岩体中的断层。它们的相互作用，就是地震的发展过程。这种概念可以将活动断层和地震研究很好地结合起来①。

这个损伤演化诱致破坏的过程（见图 2）的主要特点如下。

215

·突发灾害和力学·

---

① 参见：陈颙，李娟，李丽 . 2000. 地震、断层与断层作用

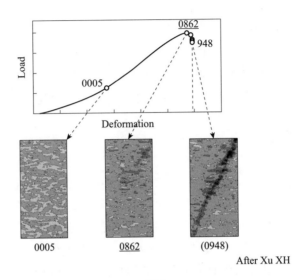

图 2

（1）演化诱致灾变。突发性灾变前，微损伤的逐渐缓慢积累，缺少明显的宏观前兆，但是，一旦"多米诺骨牌"式的级串效应被触发，就会极快速地发展成大规模的灾变破坏。

（2）样本个性行为。宏观上大体相同的系统，其灾变行为可有显著差异，即灾变呈现不确定性，只用宏观平均量不足以表征灾变行为。例如，试图基于微观模型，导出适用于一批样本的破坏阈值作为灾变预测依据的努力，常常在实际中出现"意外"。

（3）跨尺度敏感性。突发性灾变的酿成，对微损伤群体的某些细节（它们的构型，取向，特征等）会非常敏感。

那么，针对这些特点，我们可以采取哪些对策呢？

三、健康管理和灾害预测

科学家和工程师们提出了"健康管理"的概念。例如，针对 F35 联合战斗机的研制，提出了如下的诊断和健康管理方法。其主要想法是：一个整机可以大体分为六个层次：整机，系统，子系统，部件，零件，材料。虽然工作的目标在顶层的整机功能保障上，但是失效管理要放在底层材料的损伤发展上（Becker，1998）。

科学家和工程师们还提出了，根据特征响应量的变化来预知突发性灾变的临近。最近发现，在突发性灾变的临近前，在某些范围内的某些响应量会涌现出一定规律的奇异性的增长，如某种特征的负幂律奇异性。在地震预测的实践中，一种叫"加卸载响应比（LURR）"的方法，表现出了有希望的前景，图3[4]。

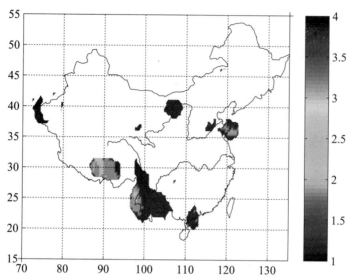

图 3　2002.10.1～2003.9.30 LURR 异常区分布图
注：此图正式发表在中国地震局分析预报中心. 中国地震趋势预测
研究（2004 年度），北京：地震出版社，2003：282-285

四、小结

（1）采用新的科学知识去正确设计，进行有效实时的监测以及正确地判读记录数据是实现工程健康管理的关键。

（2）针对多尺度非均匀问题的多尺度的科学理论，是灾害预测的难点。

国科联（ICSU）在针对突发性灾害挑战提出的"从语言到行动"（from words to action）的动议中，特别强调了用中国古代的哲理作为指南：

Strategy without tactics is the slowest route to victory;

Tactics without strategy is the noise before defeat.

SunTzu（6th Century B. C. ）

参 考 文 献

[1] Bai Y L，Wang H Y，Xia M F ，et al. Statistical mesomechanics of solid，linking coupled multiple space and time scales，Appl Mech Rev，2005

[2] 白以龙，汪海英，柯孚久，等. 从"哥伦比亚"号悲剧看多尺度力学问题. 力学与实践，2005，27（3）：1-6

[3] 夏蒙棼、许向红. 临界敏感性：寻找灾变预测的线索. 物理通报，2005，4

[4] 尹祥础，刘月. 加卸载响应比——地震预测与力学的交叉. 力学进展，2013，43（6）：555-580